过目不忘的记忆法

Memory Method

尔东◎编著

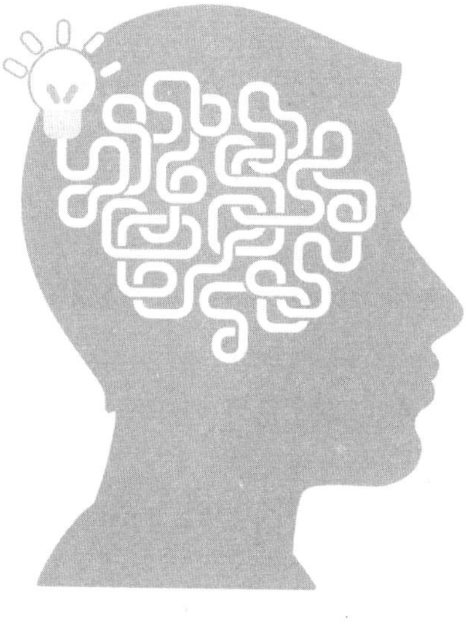

中国商业出版社

图书在版编目（CIP）数据

过目不忘的记忆法／尔东编著. —北京：中国商业出版社，2017.4

ISBN 978-7-5044-9810-6

Ⅰ.①过… Ⅱ.①尔… Ⅲ.①记忆术 Ⅳ.①B842.3

中国版本图书馆 CIP 数据核字（2017）第 069437 号

责任编辑：武文胜

中国商业出版社出版发行

010-63180647　www.c-cbook.com

（100053　北京广安门内报国寺 1 号）

新华书店总店北京发行所经销

三河市华润印刷有限公司印刷

★　★　★　★　★

710×1000 毫米　1/16　14 印张　150 千字

2017 年 6 月第 1 版　2018 年 9 月第 4 次印刷

定价：39.80 元

★　★　★　★

（如有印刷质量问题可更换）

前言
Preface

如今，我们生活在一个信息爆炸的时代，每人每天都要接收大量的信息。要想在纷繁复杂的信息中，过滤掉没有价值的信息，记住那些有价值的信息，我们就需要拥有一个良好的记忆力。可以说，良好的记忆力是我们提高生活品质和工作效率的有力保障，它让我们在激烈的竞争中脱颖而出，从而成就完美的自己。

记忆是人类生存的本质之一，正是由于它的存在，人类才会在思维中认识世界和改造世界。然而不同的个体记忆力也有所不同，历史上许多杰出的人物都表现出惊人的记忆力：古罗马时期的凯撒大帝，几乎能记住每一位士兵的姓名和面孔；古希腊哲学家亚里士多德的记忆力也非常惊人，能把一本书一字不差地背诵下来；军事奇才拿破仑同样拥有惊人的记忆力，他对当时法国海岸所设的大炮位置以及它们的种类都记得清清楚楚，如果部下报告有错，他竟能及时纠正……

有人可能会说，我的记忆力天生就差，前一秒钟记住的东西后一秒钟就忘了。之所以会出现这种现象，与后天记忆的开发有关，记忆力的好坏不是“天生”决定的。事实上，每个普通人都拥有强大的记忆能力，只要拨去世俗的雾障，掌握科学的记忆方法，人的记忆力都会放射出奇异的光彩。而现代心理学研究成果证明：目前，人的记忆力一般只发挥了全部脑机能的几十分之一或几百分之一，如果遵循记忆规律，运用科学的记忆方法进行练习，记忆力就会显著增强！

当然，训练记忆力，达到过目不忘的境界，不能像增强肌肉组织那样进行机械性训练，而是运用各种方法与技巧，来提高记忆效率。研究证明，采用这些方法来训练记忆力，能够使记忆效率得到显著的，甚至是惊人的提高。因此，训练记忆力的基本原则可以概括为：您要训练的既不是自发形成的记忆机制，也不是机械地死记硬背的能力，而是如何运用那些经过科学论证的方法。

本书实用易学，分七部分揭示“记忆”的密码，让读者在阅读过程中，了解到记忆在大脑中产生的过程，同时引导读者如何增强记忆力，达到过目不忘的效果。一旦掌握了这些方法，便可在短短几分钟内，轻而易举地记牢三五十个词语，或数以十计的历史年代、地理数据、物理常数、外语单词……你就再也不用为学习和工作中的“记忆力差”而苦恼了。

早在公元前5世纪，“悲剧之父”古希腊诗人埃斯库罗斯就曾说过“记忆是智慧之母”，过目不忘的记忆法就是帮你打开记忆力宝库的一把金钥匙。只要你肯勤于训练、认真钻研、勇于探索，相信一定会在潜移默化中改变你的思维方法和记忆方式。到那时，你就会由衷地发出惊叹：过目不忘竟然如此简单！

目录
Contents

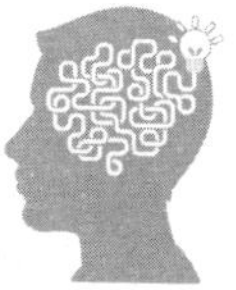

第三章　敏锐的观察，是过目不忘的重要保障

第四章　联想记忆，为过目不忘搭起桥梁

第一章
揭开记忆的密码，做过目不忘的自己

记忆的基本过程是由识记、保持、再认（回忆）三个环节组成的。识记是记忆过程的开端，是对事物的识别和记住，并形成一定印象的过程。保持是对识记内容的一种强化过程，使之能更好地成为人的经验。保持和再认是对过去经验的两种不同再现形式。

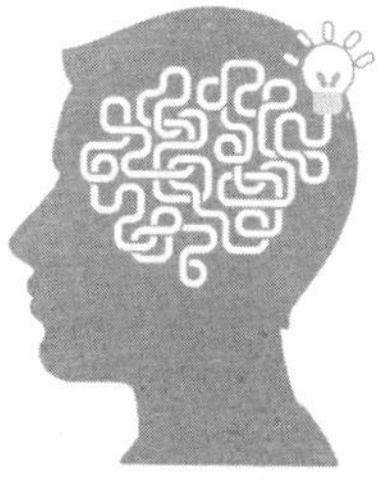

“大脑”这个神秘的记忆仓库

人的大脑是神奇而宝贵的。千百年来，无数专家学者为了探索它的奥秘，做了大量的研究工作，正是通过他们不懈的努力，笼罩在这座“迷宫”上的神秘面纱正逐步揭开，从而让我们对大脑有了进一步的认识。

一、对大脑的探索

早在公元前 6 世纪，古希腊哲学家奥尔克玛思提出了大脑是“灵魂和意识的所在地”的观点。这种朴素而略带神学味道的论断，说明人类已经由原始阶段时把一切不能理解，不能完满解释的心理现象统统归之于神的意志的愚昧状态开始转上科学的正轨。由神的意志到大脑的功能，这是一个了不起的进步。

17 世纪，法国生理学家笛卡尔，通过大量的实验，进一步证实了大脑对记忆、睡眠、饮食等各种心理、生理现象的决定作用。

18 世纪，瑞士生理学家哈勒发现神经能运载感觉，推测出脑是所有神经活动的中心。

19 世纪初，奥地利医生盖尔提出了大脑皮层中具体部位具有某种特定功能的观念。

19 世纪中叶，根据盖尔的思想，法国外科医生布洛卡经过大量的人体解剖进一步证实：人脑的左半球控制着人的右半身的运动机能，影响着人的语言能力。

在这之后，英国神经学家杰克逊通过动物实验和外科手术判断：大脑半球中央裂的前半球主要管理运动机能，后半球与身体和感官的感觉功能有关。

19 世纪末，德国科学家弗里茨和希齐哥，运用了更为科学的动物实验法，通过大量的观测实验，证实了杰克逊的判断并首次提出“脑功能的机能定位说”。

20 世纪，加拿大神经外科医生彭菲尔特在蒙特利尔神经研究所用微电极探查几个尚未完全清醒的病人的大脑皮层。经过反复测试观察，全面证实人体各部的运动和感觉机能在大脑皮质的机能区。

二、大脑的工作区域

随着科学的发展，人类把日趋先进的技术手段施用于脑科学的研究，从而使人类对大脑的认识愈来愈明确。人脑科学研究成果表明，记忆是人类大脑的重要功能之一。大脑约由 140 亿到 150 亿个脑神经元组成，分为左大脑半球和右大脑半球，其间由连合纤维联系。

左大脑半球同抽象思维、象征性关系以及对细节的逻辑分析有关，具有语言、概念、分析和计算的能力。右半脑与知觉有关，具有对音乐、图形、整体性印象和几何空间的鉴别能力。大多数人以左大脑半球为优势半球（表现为右侧肢体较为灵活)，而右大脑半球发挥不足。大脑皮层是人脑的高级层次，执行着人类特有的智力功能。一般说来，躯体感觉、运动功能越精细的部位，如手、足的掌指（趾）等，在皮层上的投影面积较大。

皮层由大量脑神经细胞的胞体构成，细胞与细胞之间是通过其突起——树突、轴突等构成突触，借助突触传递神经冲动。美国波士顿大学的研究人员还发现并成功地合成了“记忆激素”。记忆激素可加快神经细胞互相传递信息的速度，延长记忆时间，增强记忆力。

三、人的记忆潜力

现代科学的研究成果表明，正常人脑的记忆储存量高达 10^{12} 到 10^{15} 比特信息单位。然而，人一生中能“动用”的仅为百分之几（一般认为是 4% 到 10%）。可见，人脑就如同是一个神秘的储存知识的大仓库。

有的学者认为，如果始终好学不倦，那么一个人的脑子一生中储藏的各种知识，将相当于美国国会图书馆藏书的 50 倍。据说该图书馆藏书 1000 多万本。这就是说，人脑的记忆容量相当于 5 亿本书籍的知识总量。

还有的学者认为，即使我们的大脑在每秒钟永不停止地接受 10 个新的信息，如果持续一生，照样还有接收其他信息的余地，所以我们不必担心记得太多会损伤脑细胞。现在已经证实，人类大脑能够记忆的信息量是无限的，具有卓越记忆力的人物比比皆是。

在舞台表演记忆技巧的魔术师当中，有的人能在两秒钟内把两个前后毫无关系的新的信息全部记忆下来，他们还说，如果知道并掌握记忆方法，任何人都能这样做。有一个以“具有完美的记忆力”而著称的俄国人，在谈到15年前某一天发生的事情时，他竟然这样说：“有必要说出那天的准确时间吗？”俄国心理学家亚历山大·鲁利亚教授曾对他进行过多年的调查，结果表明，他的大脑的结构和机能与普通人一样，其唯一特点是从幼年时代起就对周围的一切感兴趣，并有意识地记忆。由于长期锻炼，他自然而然地掌握了各种记忆事物的方法。

因此，只要能够科学合理地运用大脑，就能把人脑的巨大的记忆潜力挖掘出来，就可以高效合理地利用还远远没有充分利用的大脑。因此，探索阻碍记忆的种种因素，是把巨大的记忆潜力挖掘出来必不可少的工作。

记忆的三种基本类型

记忆库就是人们大脑中储存记忆信息的地方。人们的大脑中包含着很多记忆库，不同的记忆库，会根据信息的来源、信息输入的时间以及信息的重要程度的不同来储存记忆信息，比如说我们看到的信息和听到的信息，就被储存在不同的记忆库当中。根据信息在大脑当中保存的时间不同，记忆可以分为瞬时记忆、短时记忆、长时记忆三大部分。

一、瞬时记忆

瞬时记忆是指在大脑神经系统中保留下来的一种时间很短的记忆，比如电影的画面，就是根据人们视觉的瞬时停留性，才被看成是连续不断地运动着，事实上它是由无数个时间很短的画面构成的。瞬时记忆的持续时间可能连一秒钟都不到。短时记忆是指一种保持时间在一分钟左右的记忆，它是瞬时记忆通往长时记忆的过渡阶段。工作记忆就属于一种短时记忆，比如说拨一串刚刚看到的电话号码，可能在拨的时候记住了，但是一分钟之后就可能忘记了。

瞬时记忆极少变质，因为它不需要深加工，而其回忆行为也是一种机械反射。瞬时记忆的感知与回忆，几乎同时进行，因此无暇忘记。打字便是瞬时记忆的好例子。打字员看一个字，在记住这个字的同一瞬间，他的手已按在打字机上的这个字的键上。这段时间通常少于一秒钟。然后，打字员就把这个字忘了，接着以同样的记忆功能打下一个字。有趣的是，身患遗忘症的人的瞬时记忆却完好无损；不幸的是，瞬时记忆不能代替长时记忆。

二、短时记忆

短时记忆是信息从感觉记忆通往长时记忆的过渡阶段和中间环节，是指某些信息在人们接收到一次之后，能够在大脑中保存一段很短的时间的记忆。它的主要特点就是信息的有限性和相对固定性。

在心理学上，短时记忆中的信息的单位是组块，组块是指人们最熟悉的认知单元，是一种人们大脑中的信息由于受到刺激而不断编码所形成的稳定心理组合。人们对记忆材料认知的程度不同，导致了组块在不同人身上表现的数量也不同。对于一个人来讲，不同长度的记忆材料，组块的数量可能相同；但是对于不同的人来讲，相同记忆材料的组块数也可能是不同的。

短时记忆的容量是有限的，它不会因为人们记忆力的好坏而产生很大的差别，每个人大概都有 7 个组块左右的短时记忆容量。比如说一个人可能在很短的时间内记住 7 个人的名字，一旦名字增多，就会出现遗忘的现象，使短时记忆一直保持在 7 个组块的容量。但是这并不代表短时记忆的信息量无法得到提高。

短时记忆的信息量可以通过扩大组块的容量而得到扩充和提高。组块具有扩容性，它的数量虽然不会被改变，但是组块的大小是可以改变的。信息进入短时记忆的主要编码方式有三种，分别是形码、声码和意码，人们可以通过把更多不同形式的信息组合成一个有意义的组块的办法来提高短时记忆的广度。

由于短时记忆保持的时间很短暂，一旦出现分心和注意力不集中的情况，短时记忆很可能迅速消失或被打断，因此能否让短时记忆保存在脑海中的一个影响因素就是注意力。

短时记忆加工信息的主要方式是复述。复述就是在大脑中对信息进行重复，可以出声，也可以不出声。一般来说，只要把信息重复一次或几次之后，就会形成短时记忆。比如说人们要拨打一个不熟悉的电话号码时，一般都是先把电话号码复述一遍，在大脑中形成一个短时的记忆，随后才会拨号。有实验表明，在短时记忆中，随着时间的延长，回忆成绩急剧下降，当信息被复述

15 秒之后，回忆率约为 10%；到 18 秒之后，记忆保持近乎消失。由此可以看出，复述能使信息保持在短时记忆中，但是一旦停止复述，信息在短时记忆中将迅速消失。

复述还有一个重要的作用就是将短时记忆转化成长时记忆。信息被复述的次数越多，在记忆系统中存留的时间越长，最终短时记忆就会变成长时记忆。

三、长时记忆

长时记忆是相对于短时记忆和感觉记忆而言的，它是指信息在经过一定的加工和精细的复述之后能作为记忆长时间保存在人们的大脑中，它能帮助人们回忆起那些几分钟、几小时或者是很多年前的信息。长时记忆的容量是无限的，任何信息都有可能被保存在长时记忆的记忆系统当中。长时记忆的主要来源有两种，一种是对短时记忆的不断重复，还有一种是由于人们对某些事情印象深刻而一次产生的。

人们现在能回忆起很多事情，比如说哪一年的哪一天人们的身体受到了巨大的伤害、人们结婚的日子、孩子出生的日子等，这都是一些给人们留下了深刻印象的事情，人们并没有去刻意记忆它们，却能够毫不费力地回想起来，就是因为这些信息都储存在人们的长时记忆系统当中。

人们可以通过不断地重复把短时记忆转变成长时记忆。这种转变的重点并不是重复次数的多少那样简单，而是在于重复过程对信息的分析作用。并不是信息重复次数越多，在我们的长期记忆中就越深刻。每一次重复都相当于对信息进行了一次新的学习，增加这种学习的长度和重复的次数，并不能够获得良好的效果。在我们重复信息的过程中，很少直接把信息存储在长时记忆中，因为理智和直觉会告诉我们，简单地重复对信息的长时记忆并没有什么效果。我们要长时记忆住某些信息，不仅需要对这些信息进行重复，还要对它们进行深入地分析。比如说要记住一个人，不仅仅是简单地重复他的名字就可以了，还需要见过这个人，记住他长什么样子、有什么特点，这些信息结合在一起才能帮助我们长时间记住一个人，否则单单只有一个名字，人们未必会想起这个名字代表的是什么。只有在重复的同时进行一定的分析，对信息进行思维整合、心理成像、深刻的感觉体验之后，才能长期记住信息。

在重复信息时，一定要掌握适当的节奏，最好是每次都间隔一段时间，分几个时段进行重复，这样既给了人们对信息的分析理解的过程，也避免了因为一次输入到大脑中的信息过多而造成大脑疲劳，或者是不同记忆之间的混淆，影响记忆的效果。

记忆是如何运行的

记忆的运行过程会牵涉到整个身体的参与，它的每一个步骤都需要感觉、认知和情感的参与。因此，感觉和知觉对记忆来说，就像推理和思索一样重要。

记忆包括接收信息、保持信息的完整、在需要时再现该信息三步。但是，这三个步骤的顺利进行要依赖于一些在现实中实际上很少能遇到的条件。

接收信息以及从记忆中再次提取信息是大脑的一个十分复杂的运转过程。对信息的接收、编码、整理和巩固是这个过程的必要步骤。了解记忆这个奇妙的运行过程，对充分发挥记忆的潜能非常有用。

一、接收信息

接收信息首先要求感官——视觉、听觉、嗅觉、触觉和味觉有效地发挥功效。一般情况下，记忆信息所出现的问题都可以在检查信息进入“黑匣子”的方式之后找到原因。如果看不清楚或者听不清楚，就无法清楚地记忆。事实上，如果你的感觉不够灵敏，你是无法记住任何信息的；所以不要归罪于记忆力，而应该训练你的感觉器官。

另一方面，良好的感觉系统也不能代表一切。另一个重要的因素是集中注意力，这是由诸如兴趣、好奇心和比较平静的心理状态决定的。有效地接收信息决定于拥有正确的思维模式，以及保持信息过程不受干扰。

二、编码和整理信息

你接收的所有信息都会先被转化成“大脑语言”，这是一个被称为编码的生理过程，在这一过程中信息被输入记忆系统。在编码过程中，新的信息和记忆中已存储的相关的部分放置在一起。它会被分给一个特定的代号，可能是一种气味、一个形象、一小段音乐，或者是一个字——任何标记符号都可以，只要能够使这个信息被重新提取。例如“柠檬”被用“水果”、“有酸味儿”、“圆形”或是“黄色”来编码，那么当你不能自发地回忆起这个信息时，这几个特征中的任何一个都可以帮助你回忆起它。如果你接收的信息属于一个新的类别，大脑会给它一个新的代号，并与记忆已经存储的信息类别建立联系。信息再现的效率取决于大脑对这条信息的编码程度，还有数据的组织情况和数据之间的联系。这个过程需要利用人脑对过去的丰富记忆做基础，对每个个体来说，这个过程都是独特的，而且它的进行方式也是不同的。尽管如此，信息编码的潜能还是要受到大脑接收信息能力大小的限制——一次最多可以对5~7条信息进行编码。

此时，信息的性质就从一种从外界接收的感官信息，转变成了一个心理映像，也就是大脑受到某种行为刺激而导致的转换过程的产物。然后，这条信息就会被保存在记忆里，只是保存的种类、强度和持续期限各不相同。

瞬时记忆主要是一些日常生活中的事情，这样的记忆只需要保留到任务完成——比如说购物、打电话等。

短时记忆，或者叫中期记忆，对需要一定程度的注意力的信息发挥作用。我们对这些信息感兴趣，并希望把它传递到大脑中。个人能力、时间段、感官所受的训练，还有信息所包含的情感因素，都会影响到普通记忆的多样性。短时记忆是生活中利用频率最高的。尽管如此，它的潜在容量却无法预测，没有人知道它的极限是多大。

长时记忆会在不自知的状态下，不需做任何额外的努力就能把一些信息铭刻于心。通常，能唤起强烈情感的事件是形成无法磨灭的记忆的基础。它们内在的情感性使我们倾向于向别人讲述，而这个叙述的过程会将记忆巩固并存储到大脑的更深处。我们并不受这些深层的记忆所控制，这些被埋葬的记忆表面上似乎被长久地遗忘了，事实上却会在任何时刻重现脑海：出现在梦中或是被某种气味唤醒。

三、进一步巩固信息

有些信息由于自身所附带的强烈情感因素，会在记忆中自动留下难以磨灭的印象；而有些信息，如果你想把它们保留得久一些，就必须用一些方法去巩固它们，而这种巩固的过程需要存储信息时良好的组织工作。一条新的信息首先必须被划分到合适的类别中，就像你把一个新的文件放进一个文件柜时需要做的一样。至于把它们划分为哪一类，就要看你个人的信息分类标准——按照意义、形状等，或者被包含在某个计划、故事中，又或者是所能唤起的联想。举个例子，“文明”这个词，作为“文化”的义项可以被划分为“名词”的类别，但是作为“社会发展到较高阶段”的义项又可以和形容词建立联系。不过我们也可能会用别的分类方式，因为没有任何两个人会对同一条信息采用同一种分类方式。

当我们把新的文件归档时，很可能会把它放在其他已存的文件的前面；同样，处在不停变动中的记忆库会把新的信息储存在旧的信息之前，这样的过程不断重复，越来越多的新信息被存储，最终，“文明”的文件将会被彻底地覆盖。只有在我们再次使用这个词时，它才能回到文件夹的最前面；否则，它将被转移到文件夹的最后面，束之高阁，就像其他被遗忘的信息那样。所以为了确保信息得到有效地巩固，仅仅组编数据还不够，在最初的 24 小时之内必须重复信息 4 ~5 遍，之后还要有规律地重复记忆，这样才能避免信息被遗忘。如果信息的重复工作得到很好的实践，我们就可以随时根据需要从记忆中提取完整的信息。

什么是记忆表象

所谓记忆表象，就是在头脑中保持的客观事物的形象。应该说明，这种形象是感知过的事物不在面前而在头脑中再现出来的形象。

记忆表象在记忆中占有很重要的地位，我们能够回忆过去的事物，再认出接触过的事物，主要是记忆表象的功劳。

一、记忆表象的本质

记忆表象与知觉不同，知觉是大脑对当时客观事物的反映，记忆表象是对从前感知过而当时不在眼前的事物的反映，知觉是由眼前的客观事物刺激而引起的，记忆表象多是由有关的其他事物引起的。它们的主要区别在于：①记忆表象的形象暗淡模糊，而知觉的形象则鲜明生动；②记忆表象的形象片断不全，而知觉的形象则全面完整；③记忆表象的形象流动多变，而知觉的形象则持久稳定。例如，你到南京长江大桥去游玩观赏，那形象肯定是既鲜明又生动，既完整又清晰，连那滚滚东流的长江水也尽收眼底；而回到家里以后进行回想，呈现在记忆表象中的一般只是南京长江大桥的整体轮廓和主要结构。同时，大桥的形象在记忆表象中是极不稳定的，几秒钟以后就要变化，虽然你努力保持这一形象，但却很难持续到一分钟以上，

记忆表象与后象不同。后象又叫后觉，是客观事物停止刺激后影响的余波。其存在时间很短，以视觉后象为最明显。记忆表象与后象的差别之处有：①记忆表象是回忆的产物，而后象是刺激物作用的后效直接形成的；②记忆表象可以在自我意识控制下多次呈现，而后象一般是不以人的意志为转移的；③记忆表象在大脑中可以保留很长时间，而后象持续时间很短，一般在两秒钟后开始变弱，30～40 秒后完全消失。

记忆表象虽然与感知觉不同，但却存在着密不可分的联系。感知觉是一切心理活动的基础，也是记忆表象的基础。没有感知觉就没有记忆表象。记忆表象必须通过感知觉才能形成，例如：天生的盲人，记忆表象中绝不会有“赤橙黄绿青蓝紫”的缤纷色彩；天生的聋者，记忆表象中也绝不会有“哆来咪发梭拉西”的优美音乐。鲁迅先生曾记录过一位盲诗人的谈话：“在缅甸遍地是音乐，房里、草里、树上都有昆虫的吟叫，各种声音成为合奏，很神奇，其间时时夹着蛇鸣‘嘶嘶’。”由于这位诗人生而目盲，不曾有过颜色的表象作为想象的材料。所以，他的记忆表象中就没有色彩。再有，记忆表象是否鲜明、完整，也取决于感知觉的深度和广度。感知的水平越高，记忆表象的质量也就越好。

二、记忆表象的特征

1. 直观性

所谓直观性，是指在记忆表象中浮现的事物是比较生动的具体形象。因为表象是感知留下的形象，所以它们都有直观性的特征。比如，在唤起视觉表象时，就仿佛在大脑的银幕上看到了那种事物的模样或形状；在唤起听觉表象时，就仿佛在大脑的音箱中听到了那种声音在回响。但是记忆表象远不如知觉的直观具体、完整清晰、鲜明和稳定。例如，托尔斯泰在《童年》一书中，描写主人公回忆早逝的母亲时曾有这样一段话："当我努力想起我母亲时……我所产生的观念只包括她那褐色的眼睛，永远表现着一致的慈爱；颈上，较发卷稍低之处有一个痣；有时还想象出她穿出来的白领，以及时常抚爱我，也是我时常亲吻的细软的双手；但是，整个的表现却由我这里完全溜去了。"可以看出，主人公的记忆表象中的形象某些部分突出了，其他部分却模糊了。同时，记忆表象中的形象还表现出不稳定性，它所反映的各方面的特征也是时隐时现的。也许你爱下象棋吧！那你一定知道下盲棋的困难了。盲棋就是两位棋手靠大脑记住棋势，用口讲走棋步，一般棋手是不敢比试的，因为记忆中的棋势的表象流动多变，容易消失，很难成功。

2. 概括性

所谓概括性，是指记忆表象所包含的内容比知觉更具有一般性。它反映着同一事物或同类事物在不同条件下主要表面特征综合的结果，并不是每一次感知的个别特点。例如，你熟识一个人或同学，每一次见面都有其不同的具体条件，都产生不完全相同的具体知觉形象。但在你回忆起他（她）的时候，却是个整体概括的形象了，因为记忆表象中反映着他（她）经常表现出来的那些特点。再如一辆摩托车，往往由于时间不同、光线不同、方位不同、角度不同、距离不同，所以每次知觉也各不相同。但记忆表象中却反映了普通摩托车的形状，这就是概括化了的形象。

三、语词对记忆表象的作用

语词不仅是人类交际的工具，还为我们提供了大量的概念。人类记忆的主要特点就是利用语词，人的大量记忆多属于语词的记忆。语词对于记忆表象的作用是十分重要的，简述如下：

1. 借助语词可以使记忆表象具有客观性

同一客观事物反映在不同的大脑中，其记忆表象不尽相同。由于每个人的角度不同，可以说 1000 个人就要有 1000 种记忆表象。而这些表象是客观世界在人脑中的主观印象，只能“孤芳自赏”，无法直接交流，必须借助于语言，当然也包括图画、手势、旗语等。同时，也只有借助于语言，才能将丰富的社会经验总结和表达出来。

2. 借助语词可以使记忆表象具有随意性

对于一般的表象来说，唤起时往往需要提出那个事物的名称，这就需要用语词。同时，表象的内容也常常按照语词的叙述而变化。就是说，语词可以制约和改造表象，对表象进行操作。例如，你浮现一个朋友的表象时，不仅仅是死板的照片式的形象，你还会想起下棋、游泳、爬山、参军等语词，随之，你和朋友的各种“生活照”便栩栩如生地呈现在眼前。这就证明，记忆表象在语词的引导下会发生变化，以适应主观意识的需要。

3. 借助语词可以使记忆表象具有概括性

语词具有概括作用，它能把复杂的经验高度概括并表达出来，如“水滴石穿”、“欲速则不达”、“冰冻三尺，非一日之寒”等都是人类积千百年实践经验的结晶，这些简单的语词可以把许多生活经验浓缩在记忆表象中，使它们得到完整的保持。

综上所述，可以得知：语词在记忆表象中占有十分重要的地位。既然利用语词记忆是人类的“专利”，那么，就让我们在记忆活动中充分发挥语词的作用吧！

遗忘是怎么回事

国内外通过对遗忘的研究得出：遗忘多种多样。有积极的遗忘；也有消极的遗忘，即利用有意地忘掉一些东西的办法，来加强记忆的效果。说明“忘”在一定条件下可以转化为“记”，从而促进了“记”。为什么会有这种现象产生呢？因为人的自觉记忆能力有限，记忆的内容一旦超过大脑的自觉记忆能力，就会产生遗忘现象。

一、遗忘是一种正常现象

遗忘实际上就是记忆力减退，随着年龄的增长，记忆的能力也会发生显著改变，记忆力减退是很正常的事情。研究表明，

67% 的成年人都担心自己记忆力的减退和损失。至于记忆力减退的原因，包含着几个方面。

1. 时间的流逝会导致记忆力的减退

时间能够改变一切，随着时间的流逝，人的大脑内部也在发生着一些改变，最明显的变化就是旧细胞的衰亡和新细胞的诞生。由于人们记忆的信息主要存在于大脑当中，确切地说是存在于大脑的各个细胞当中，当大脑内细胞衰亡，导致记忆力发生减退就是很正常的情况。可见，随着年龄的增长，我们遗忘的东西会越来越多。

另外，输入到人脑当中的信息必须不断进行复习和使用，这样人们才能记忆深刻。可是随着时间的流逝，输入到人脑当中的信息越来越多，人们需要记忆的信息也越来越多，很多信息会因为人们精力有限而没时间去重复，这就会导致一些早先储存在人脑当中的信息，因为缺乏使用和练习而被人们遗忘。孔子也说过"温故而知新"，就是因为只有经常温习已经学过的东西才能强化记忆。如果不进行温习，那学过的东西必然会随着时间的流逝而逐渐遗忘。当然，也正是因为输入到人脑当中的信息越来越多，人们想要提取早期存储的某些信息越来越困难，人们没有更多的注意力和精力投入到这个方面，这种情况下自然就会遗忘。

此外，随着时间的流逝，人们记忆的东西越来越多，因为一些原因可能会导致新的记忆干扰到旧的记忆，这也会导致遗忘。比如，我们认识一个人，同时对这个人有一定的印象，但是后来又认识了一个和这个人同名同姓的人，并且后面这个人还做了一件令我们印象深刻的事情。由于这件事情实在让人无法遗忘，所以当以后提到这个名字的时候我们就会想到这件事情，虽然我们自己也知道是认识两个同名同姓的人，但是还是可能因为这件事情的干扰，使得一提起这个名字，我们可能就只能想起后面这个人，这也是一种遗忘。

再有，随着时间的流逝，人们记忆的动机也在不断发生变化。人们所处的环境、地位等发生变化之后，很可能会导致之前记忆的某些信息失去了作用，这样的结果就是人们会失去记忆这些信息的动机。失去了记忆的动机，人们对信息的关注度就会下降，复习和使用的频率也会大大减少，这样逐渐就会产生遗忘。

2. 一些心理因素会导致遗忘

心理上的某些因素对记忆力的伤害无疑是更大的，比如压力、焦躁、悲伤等情况，都会对记忆力产生很严重的影响。这样的事情在我们身边就经常发生，例如很多学习很好的学生，经常会在考试的时候发挥得很不理想，平时很熟练的问题考试的时候都回答不出来了，问原因得到的答案是考试的时候紧张，很多东西都忘记了；再比如有些人去面试，本来在之前准备得很充分，可是在面试的时候还是语无伦次，原因也是因为紧张，导致把自己准备的东西全都忘记了。实际上紧张就是心理的焦虑、焦躁引起的，因为紧张而导致的遗忘都是因为受到了心理因素的影响。

重大的创伤所造成的心理阴影，也会导致人们遗忘。一些重大的创伤，比如严重的车祸、地震、洪水、海啸等，可能会对人的生理和心理都造成重大的伤害，这样就会让人在潜意识里拒绝去回忆这些相关的内容，也会导致人们遗忘这些记忆内容。

当人的心理在生活中发生极端的情绪变化时，大多数人就会把精力集中在自己内心的痛苦和斗争上面，从而忽略了对外部世界的注意。这样在记忆上面投入的精力减少到一定程度，自然就会导致记忆力的减退。

因为心理因素而导致的遗忘有时候只是暂时的，因为当人们的注意力重新集中之后，很多东西人们都能够想起来。另外，现代医学对于治疗这些心理问题的手段越来越多，相信在不久之后，心理因素对人们记忆力的影响会越来越小。

3. 一些其他的因素

导致人们遗忘的因素还有很多，包括头部受伤、营养不良、神经系统问题、乱用药物、吸毒、酗酒、更年期和重大疾病等，当然，这些原因很多时候都是可以避免的。只要避开了这些因素，人们记忆力遗忘的现象一定会得到很大的改变。

二、遗忘的规律

尽管遗忘在每个人身上的表现各不相同，但是它依然是有一定的规律可循的。学者们经过长期的实验和研究后得出结论，认为遗忘的过程中主要有两个规律，一个是艾宾浩斯曲线，一个是系列位置效应。

1. 艾宾浩斯曲线

艾宾浩斯曲线是德国著名的心理学家，通过实验的方法，研究出记忆遗忘规律。很多人都认为，遗忘的过程是缓慢的，也是不间断的，在时间流逝的同时，记忆也会像一个泄漏的容器一样，慢慢地把所有的内容漏空。但是，这种想法是错误的，它是人们对遗忘规律的一种误解。

当然，有一点不可否认，遗忘规律确实和时间的流逝有一定的关系，但绝对不是随着时间的流逝而缓慢、不间断地遗忘，而是一个由快变慢的过程。在这个过程中，遗忘的记忆信息并不均衡。艾宾浩斯经过实验后得出结论，遗忘的过程是遵循着一个对数曲线的变化规律，最初遗忘得很快，然后随着时间的推移，遗忘逐渐减缓。遗忘的过程从信息输入到脑海中的时候就已经开始了。大部分新输入到人们脑海中的信息，可能在一个小时之后就会被忘记。但是从这之后遗忘的速度逐渐开始减慢，可能一个月之后这些新信息的20%还留在我们的脑海中。随后剩余这些信息遗忘的过程将更加缓慢，可能在很长的一段时间之后，这些信息还留在我们的脑海中。

艾宾浩斯曲线总结的规律，只能算得上是正常情况下的记忆遗忘的规律。艾宾浩斯自己也认为，很多因素会影响到记忆的遗忘，比如使用的记忆方法、记忆者的重视程度、记忆材料的性质、记忆策略的选择、个人的心理因素等。比如心理紧张和压力大的时候遗忘的速度必然会加快，而当信息受到重视程度非常高的时候，遗忘的速度也一定会减慢。

2. 系列位置效应

艾宾浩斯在研究记忆规律的时候，还发现了艾宾浩斯曲线之外的另一种记忆规律，对于一连串的信息，开头的部分和末尾的部分往往比中间的部分更容易记忆，也就是说一连串信息的中间部分，是最容易被遗忘的。这种趋势叫作首位效应和末尾效应，也叫作系列位置效应。

系列位置效应主要是受到被记忆材料的特征的影响，指的是在多个信息连续被记忆的情况下，各个信息因为在记忆时的顺序和位置不同而影响到回忆。一般来说，最后被记忆的信息往往能最先被回忆起来，因为受到近因效应的影响，这些信息被遗忘的最少；因为首因效应的影响，遗忘较少的是最先被记住的信息；处在记忆中间位置的信息是被遗忘得最多的。很多的研究表明，记忆的中间部分更容易被遗忘，它的遗忘次数相当于两端的三倍左右。

系列位置效应形成的原因，主要分为两个方面。如果在信息被记忆之后马上进行回忆，那最先记忆的信息可能已经进入到了长时记忆系统，因此遗忘得比较少；最后记忆的信息可能还处在短时记忆的阶段，回忆起来相当的容易，因此遗忘得也很少；而中间记忆的信息则处在短时记忆向长时记忆过渡的过程中，可能会受到前面信息的阻挡和后面信息的冲击，以及记忆信息之间的相互影响，导致信息流逝，因此遗忘得很多。如果是在记忆信息之后过一段时间再进行回忆，则遗忘现象依然会符合系列位置效应，只是这个时候中间部分信息遗忘得多的原因则是因为受到了前后信息的抑制的影响。其实这种情况和一些老师记忆学生名字的情况差不多，上过这么多年学的人都应该知道，基本上每个老师在记一个班的学生的时候，最先记住的总是学习好的那一部分和学习最差的那一部分，对于中间的那一部分，总是很容易忘记。

系列位置效应给人们带来了一个好处，它相当于给人们指点了一个进行信息记忆的正确方法，那就是要把最重要的信息放在开头或者是结尾去记忆，而把那些相对来说不重要的信息放在中间去记忆，免得造成人们对重要信息的遗忘。

遗忘的规律也并不是不能够改变的，但是必须要用一定的方法和策略，同时也需要人们自己去努力。只有对记忆信息不断地复习和使用，才能够真正降低遗忘的速度和改变遗忘的规律。

三、联想是防止遗忘的有效途径

正在书房里看书时，到隔壁屋子里接电话。打完电话回来之后想再看书，发现书没有了，心想一定是放在哪里忘记了，于是外出去寻找。刚一上公共汽车，又在担心：屋子的门上了锁吗？电视机的开关关上了吗？炉子的火熄灭了吗？怎么也想不起来，只好焦急地又返回家里。

人们之所以会这样健忘，是因为没有留意引起的。不是忘记了，而是没有记清楚。

要克服健忘，最有效的办法就是要清楚地认识那个事物。电车司机能把自己的动作说出口来，原因就在这里。操作机械的工厂，实行责任到人，用以防止习惯性地下意识操作，消灭事故和差错。

清楚地认识和记忆的有效方法是联想。联想不可能是下意识的。只有对那件事情好好观察、认识，在心里刻上物象才行。如养成无论什么时候都能即席联想的习惯，就会解决健忘问题。

拿刚才那个例子来说，去接电话时假定把书放在电视机上边了。这时就联想在电视机的图像里，把书胡乱地丢，弄得一塌糊涂的样子就行了。雨停之后回去常有忘记拿伞的事。为了备忘，比如可以事先联想离开办公室时最后要做的一件事就行了。

邮寄书信、买东西、存放贵重品等，只要联想好有关这方面的事情就可以记住了。

假定把宝石放在抽屉里的毛衣下面，这时，我们就去联想巨大的宝石穿着毛衣在跳舞。过后回想宝石在哪里时，立刻就浮想起毛衣来。离开家时，把炉火熄灭后，就把头伸进炉子中看火熄灭的联想。这样在离家后想起炉子时，就能把这一表象重现出来，因而证明炉火确实熄灭了。会见某石油商时，如想与他就石油问题谈话，就可以设想石油商举起了一个大石油罐，从头上往下浇石油的姿态。

像这样养成联想的习惯，不仅有助于提高记忆力，而且有助于提高观察力、想象力、集中力、创造力。

试着养成记忆事物的习惯，就会感到过去没有进行观察是一件憾事。养成这种习惯，等于重现自己身边的事物，旅行时，也能帮助我们发现美的东西、新的东西，给我们带来一个新的世界。

回忆帮助我们重拾记忆

我们肯定碰见过一些长期被遗忘而一时怎么也回想不起来的朋友，不过一经回忆就能回想起他们来。这便是回忆的一种，叫作再认。被遗忘了的信息被意识再感知到就会使一个回忆过程开始活动。但是，训练记忆力时，起决定性作用的不是再认，而是这样一种回忆，即被遗忘了的信息不需要重复去感知，只要依靠记忆的活动就可以重现出来。

一、回忆的特征

人在回忆时往往要借助于被遗忘信息事先为他建立的线索去逐步接近被遗忘了的事物。但是，正如上面所讨论过的记忆的所有其他几个过程那样，回忆不是一个机械的过程，绝不能把它看得那么简单，就像从抽屉里取出某个时候被放在那里面的东西一样。回忆是一个复杂得多的过程。这是一个创造性的过程。在这一过程中，被遗忘了的事物借助于没有被遗忘的事物重现出来。

记忆的几个阶段（感知、集中、铭记、复习和遗忘）的意义主要在于使信息储存得井井有条，以便一旦需要时可以随时使用它们。记忆的最后一个阶段，即回忆，是前面几个阶段的有机的继续，并最后实现记忆的功能，同时保证被储存的信息能够重现和保证被储存的信息接受意识的支配。可以说，回忆是遗忘的反面。如果说在遗忘过程中信息是从有意记忆中被排挤入潜在记忆之中，那么由于回忆的结果，信息反过来又可以从潜在记忆中返回到有意记忆中来。同时，正如以后将要更详细地说明的那样，没有被遗忘的信息，即储存于有意记忆中的信息，永远是最基本的信息。所以，有意记忆中的结构是决定回忆水平的最重要的因素。换言之，是决定被遗忘信息重现效率的最重要因素。保存于有意记忆中的信息是与被遗忘信息建立认识联系的基础。如果被铭记的信息以后被遗忘，那么，在铭记这些信息时所形成的认识联系的特点，对于人们重现被遗忘信息的能力将发生重大影响。总之，正确地运用遗忘方法和回忆方法决定信息重现的准确性和速度。

回忆效率的降低可能是记忆力不好的主要原因之一。同时回忆效率的降低常常是由于记忆的所有各过程进行得不合理而造成的（记忆力由于疾病而受到破坏的情况例外）。所谓记忆的所有各过程进行得不合理，是指它们始于不正确的感知，在感知时，被感知的是非主要信息，而主要信息却被全部或部分地丢失。回忆效率的降低也可能是由于集中不够、铭记进行得不正确以及复习安排得不合理而造成的。此外，如果遗忘也没有按规定进行，那么，即使是最好的记忆力也不能完全发挥自己的作用。

因此，我们必须十分清楚地了解自己，只要我们充分掌握上述改善记忆过程每一个阶段活动的方法，那么回忆过程就能高效率地进行。

二、回忆的技术

利用什么样的信息来重现被遗忘的事物呢？是没有被遗忘的信息吗？准确地说，我们是借助于语言和文字中介性联系来重现被遗忘的信息，因为被遗忘的信息在有意记忆中同语言和文字中介性联系有联系。准确地说，是把那些中介性的知识在脑子里“过一遍电影”，直到回忆出所需要的信息为止。处理联想中介性联系和结构中介性联系也要采用类似的方法，也就是说，要追踪找出在语言和文字中介性联系中同保存于记忆中的相应中介性知识有联系的联想联系和结构联系。例如，以“记忆的 6 个阶段”这一中介性联系为出发点，我们把自己的知识在脑子里“过一遍电影”，直至把有关记忆的六个阶段的一些信息从潜在记忆中转移到有意记忆中为止。

当然，并非所有被遗忘信息都能立即重现。造成这种现象的最主要原因，是由于铭记过程进行得不对头或者由于信息很少被使用而被排挤得一干二净。然而，如果你按照下述方法利用语言和文字中介性联系来充分运用自己的回忆能力，那么语言和文字中介性联系也可以在这种情况下向你提供帮助。这种方法就是：利用中介性联系，尝试一下建立尽可能多的与中介性知识领域（知识系统）的各种联系。同时，我们要向自己提出这样一些类型的问题：你已经知道与被遗忘信息有什么样的意思联系？被遗忘信息处在什么样的联想联系和结构联系之中？用这种方法往往能使被遗忘信息的某些片断得以重现。例如，被遗忘单词的某些字母或发音；句子的某些部分或句子读音的韵律；物体的形状、颜色或气味；某些想法的联想或片断。如果我们对记忆中的中介性知识领域（知识系统）进行了这样的搜寻，那么就可以利用这些片断来渐渐完整地再现所有的被遗忘的信息。

一切智力活动都是从记忆开始

关于记忆，我们在日常生活中并没有深切地加以注意。人类的记忆力在生物当中是最好的。正因为有这样好的记忆力，人类才建立了现代的文明社会。

记忆力有多么重要呢？我们只要想象一下，完全丧失记忆力将会出现怎样的情形就清楚了。没有记忆力，不要说向后代传授文化，就连生活也难自理。即使活下来了，也会是没有任何情感的、毫无意义的存在。在生活中，人们有时因事故和生病而丧失了记忆，那是极为不幸的事。

一、记忆是智力活动的重要环节

隐身术、魔术、催眠术、占卜术……只要是名字里带有“术”字的某种技能，其原理和方法对别人都是保密的。从表面上看，这些都是神秘莫测的，操演者更会使人产生玄妙之感。可以说记忆术（记忆法）也具有这种特征。例如，一些记忆力非凡的人，当人们给他写出几个难以记忆的多位数字时，他们在几分钟之内就能全部记忆下来，而且无论是顺读，还是倒背，都能准确地说对每一个数字，甚至还能从中间任何一位数字按顺序背出多位数。这些人不仅能够记住数字，还能够按某种顺序写出许多客人的名字和物品的名字以及许多地方。

据说，有的人还能记住所有的日历，并恰好说中观众指定的公历某年、某月、某日为星期几。不仅是今年、去年、明年的，甚至几百年前某年、某月、某日为星期几都能说中。所以有人把掌握记忆术的人看作神仙或者超人，也是理所当然的。但是实际上，他们脑子的构造与普通人没有什么两样，也并不是因为智商特别高。

表面上有点不好理解的这个记忆术，如从内部窥测一下，就可得知它是巧妙地吸取了人类心理学、脑生理学等各种学问长年积累的成果，有着严谨的科学根据。尽管在记忆方面，还有很多没解决的问题，但作为记忆术的原理，已经大体上确立起来了。

其原理很简单，就是没有很正式学过心理学和脑生理学的人，也能够理解。

记忆术的表演，是以让观众感到出乎意外而发出感叹和欢乐为目的的。为此，常常有借用魔术特技的时候。

然而，我们学习记忆术的目的不是为了表演，而是为了在日常工作和生活等方面，增进自己的记忆力，以便取得更好的成绩，提高工作效率，丰富我们的生活。

二、非凡记忆力的奥秘

自古以来，在学术界、政界、经济界、艺术界、体育界等所有社会领域中，记忆方法都曾得到广泛应用。各个领域里的专家们，都能用各自独特的方法记忆和积累自己的专业知识。

美国的乔治·马歇尔将军在与记者会见时，首先用联想法把某记者的脸型和所提出的问题联系在一起，当接受提问之后，他就能针对每一个人提出的问题做出准确无误的回答。

日本电气学会会长小林宏治先生，为了整理、记忆某一事物，使用了使人物和事物形象化的方法，他就此做过如下的论述："所谓在头脑中描绘事物，就是要系统地抓住整个事物，领会事物的相互关系和整体形象。为此，我不停留在某一专业里，而要和更多的人保持接触，更要多读书。像画画一样，没有具体形象的体验是无法画成的。如果有了想画画的念头，即使是各种各样的因素和有机结合的复杂体系，也能以非常鲜明易懂的形式表现出来。"

小林宏治的这个思维方法，与记忆方法的原理是一致的。自古至今，被誉为伟人或出现在传记中的人物，具有卓越记忆力的人似乎是很多的。就美国而言，有约翰 D·洛克菲勒、安德烈·卡那奇、亚伯拉罕·林肯；英国的代表人物有温斯顿·丘吉尔；日本也有被人们誉为大实业家的五岛庆太、小林一三，等等。据说这些人都具有令人惊叹不已的超人记忆力。政治家和实业家要领导许多人，必须擅长于取得人们的信任，记忆力自然是不可缺少的。当然，他们的记忆力也是平时训练的结果。而我们普通人，要想仿效或超越他们显然需要做出更多的努力才行。

三、记忆法在什么时候起作用

有关记忆法，任何人只要知道它的原理并加以训练都能掌握。记忆法在什么情况下才能起作用呢？有时也许运用不好。有时也许能用，却错失良机。有时乍一看似乎用不上，但稍动一下脑筋竟用上了。

首先，我们作为社会的一员，尤其是作为一个实业家，需要参加各种会议，需要把讨论的内容及结果加以整理并记忆，这是极为重要的。另外，如果到了一定的年龄，担任了一定的职务，同部下、同事及来往厂商进行交易时，记忆法的运用也是十分重要的。对初次见面客人的面容和姓名必须牢记。若能记住他们的住址、家庭成员、生日、电话号码等，就能与其增进友谊，更亲密地进行交往。由此可见，记忆法在这些时候能够发挥重要的作用。尤其对于生日、电话号码的记忆方法，本书特别进行了详细的介绍。

有时，部下及同事的结婚典礼、丧葬仪式及各种聚会等，会请我们发表讲话或致辞。为了不忘记讲话的顺序，有人把讲话的内容写在纸上，然而，这样的讲话就难以感动听众了。有时应当根据场内气氛临时改动讲话的内容，因此，没必要写出一个完整的讲话稿。最好的方法是把讲话的梗概写出来，按其顺序记忆讲话内容就可以了。在许多重要的场合，若能做个不同凡响的演讲，则会被人们称作有才能的人。相反，如讲话时言语颠倒，语无伦次，反复絮叨，则可能得到较差的评价。

另外，应当牢牢记忆自己和公司的活动日程。虽然有的人的笔记本上记满了应做的事，然而，脑子里却记不住一件重要的事情。反应迅速、灵敏的人懂得记忆重大事件的必要性。他们与那些一边慢腾腾翻着笔记本，一边嘟哝“这个……这个……”的人是完全相反的两种形象。我们必须牢记每件预先约定的事。比如与人会面的时间、工作截止日期，等等。在人与人之间的关系中，不守信用的人不但给别人增添麻烦，更主要的是失掉了自己的信用，即使不是故意违约，其后果也是一样的。

对学生而言，学习就是工作，记忆法则被认为是学习的最有力武器。几乎在所有的学习中，记忆力都占有极其重要的位置，单词、年表、公式、汉字、法律、地理、化学式，等等，都是必须记忆的。

尽早精通各种记忆方法，将能使我们终身受益。

四、不努力就不能提高记忆力

无论是谁，都想提高自己的记忆能力，从而达到过目不忘的境界。然而，有没有不经过努力就能提高记忆力的方法呢？

就这个问题，世界各国进行了各种实验。美国密执安大学的麦克纳尔教授对水生低等动物涡虫反复进行先给光刺激后给电刺激的实验。涡虫受到电刺激时会蜷曲身体。不久，只给光刺激，涡虫便将身体蜷曲起来。然而，让其他未经训练的涡虫吃掉这些受过这种训练的涡虫，于是这些涡虫一受到光刺激后，就同样蜷曲身体。这就是说，涡虫把记忆当作食物加以吸收变为自己的记忆了。

那么，人类能像涡虫那样从食物中摄取记忆力吗？也有这样考虑并这样做的人群。那是非洲新几内亚的一个“食人种族”。他们最喜欢吃的是外部落的酋长和祈祷师，理由是酋长和祈祷师们的头脑发达，具有超人的记忆力。

可是，人类是不能从食物中直接吸收记忆力的。这是因为消化酶可以把具有记忆痕迹的蛋白质和核糖核酸分解为氨基酸。这对于人类来说也许是一个不幸吧。但如果记忆力可以吸收，我们总是吃牛肉、猪肉，我们的脑功能就可能变成牛和猪那样，那就不好办了。

靠食物不行，依靠注射的方法又怎样呢？是否可以不破坏记忆物质而把记忆力移植呢？通过给蜗牛注射核糖核酸的实验证明，这个方法是成功的，也有在老鼠身上进行实验成功的报道。

利用注射来移植人的记忆物质或移植脑的可能性虽然存在。但是，人类今天仍未能使之得以实现，有待于今后进一步研究。也有学者对于核糖核酸就是记忆物质的论点持否定态度。

最后，移植既然不行，是否有增强记忆的药物呢？有的，人们用鼠类进行的各种各样的实验证明，确实有增加记忆的药物。

最近在比利时发现了据说能够显著增加记忆力的药物。这是一种用脑垂体制作的叫作“后叶加压素”的物质。切除了脑垂体的老鼠对危险丧失了记忆，但注射了“后叶加压素”之后记忆又恢复了。用此方法还曾对一个因交通事故而丧失记忆的人进行过5次脑细胞激素和后叶加压素鼻孔喷雾实验。据说此人竟然恢复了记忆，能讲述事故的经过。

不过，这种药虽有增加与恢复记忆的一面，但也有造成人体心律不齐的副作用。如果没有副作用，那才是我们最理想的药物。

综上所述，我们探索了不用努力能否增强记忆的方法，但人类迄今并未发现既安全又有效的增强记忆的方法。留给我们可供选择的“捷径”，只能按照现代脑生理学、心理学的规律扎实地学习应用，从而逐步掌握记忆方法。

第二章
抓住必备条件，实现过目不忘就如此简单

记忆对一个人的重要性不言而喻，要想让自己记得准记得牢，达到过目不忘，就必须具备一些基本的条件。这些条件既包括心理因素也包括外部环境因素，只有这两个因素达到最佳状态，才能将记忆力发挥到极点，才能记住我们需要记住的事物。

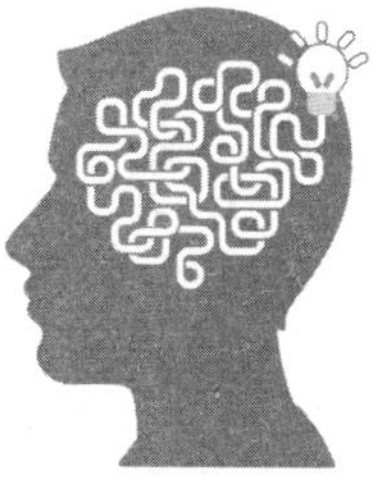

注意力集中

“注意”是人们所熟悉的一种心理现象。人们常用全神贯注、聚精会神、专心致志、目不转睛等字样来形容注意力的高度集中。那种精神不集中、思想开小差的现象，就是不注意。这实际上是说，没有注意应该注意的事物，而是注意其他无关的、此时此刻不该注意的事物了。因此，注意是心理活动对一定事物的选择性。有了这种选择性，人的心理活动在每一瞬间才能指向和集中于某些事物，而离开其他事物，使人的心理活动具有一定的方向。

一、对注意力的认知

孟子讲过一个故事：有一次，当时全国闻名的棋手弈秋教两个人下棋，一个人全神贯注地听讲，另一个人心里却在想着好像有天鹅飞来了，怎么用弓箭把它射下来。两个人虽然一起学下棋，可是成绩却相差很远。这是因为后一个人的智力差吗？不是，孟子说其原因是：“不专心致志，则不得也。”

杰出的物理学家爱因斯坦，在他 25 岁生日那天，他的朋友给他买了点鱼子作礼物。爱因斯坦边吃边说话，当他把鱼子吃完时，朋友们问他："你知道你吃的是什么？"爱因斯坦却茫茫然，答不出来。原来他全神贯注地与他的朋友们讨论有趣的问题，竟然忘记了自己一勺勺送进嘴里的是什么食物。爱因斯坦在 1903 年 1 月 6 日结婚。婚礼结束后，爱因斯坦带着新娘回他的住处克拉姆胡同，走到房门口，发现忘了带钥匙。无奈，新娘只能站在新房门口，等新郎去拿钥匙。新娘孤零零地站在门外，生气地自语道："唉，这个人，他的头脑里在想些什么呢？"由此可见，注意力集中对记忆是何等重要。

有的心理学家的实验证明，集中注意阅读两遍课文，比不注意去阅读课文 10 次的记忆效果好得多。

心理学家做过有趣的"双耳分听"实验。被试者两耳各戴一耳机，两耳同时分别听不同的材料。在这种情况下，二者无法同时记忆。如果两种材料难度不同或熟悉程度不等，常常选听较容易或较熟悉的，而忽略另一材料。如果两种资料难度相等但性质不同，可能时而左耳听，时而右耳听。如果强制只准听一种，听后检查发现，对未注意的资料则不能记忆，甚至没有察觉其存在。

我国心理学工作者做过视、听不同语文材料同时记忆的研究。结果表明，眼看一种材料，耳朵听另一种材料，就会产生相互干扰。这种干扰表现在以下 4 个方面：①正确识记的数量显著减少；②不能察觉视觉、听觉材料间的联系；③重现时间明显延长；④错误数量增多。

二、如何提高注意力

注意这个心理现象是提高记忆的必要条件，对我们的工作、学习同样起到至关重要的作用。那么，如何增强注意力呢？

1. 安定心神

飞机在正常飞行时，是由自动装置来操纵的，飞行员的精神不用高度紧张。但飞机起飞和着陆是靠人工操纵的，这就需要飞行员的精神高度集中。

注意力集中以前，要求心神必须安定，但开始时很难做到这一点。飞行员们常说，只要能静下心来，就等于集中了一半的精力。

在剑术、柔道等体育运动中，常常使用“自然体”这个名词。即运动员在比赛时，要把自己当成一个没有心脏的“自然体”，心地坦然地和对手对峙。因为只有心神安定，才能巧妙地击破对手施展的各种招数。

不仅是开飞机和武术比赛需要安定心神，我们任何人在集中注意力时，都需要做到这一点。

2. 利用适合自己的方法

一位喜欢打高尔夫球的人对朋友说：“我在城里的高尔夫中心练球时，技术常常发挥得很全面。不知怎么搞的，只要一到球场比赛就不行了。这是什么原因呢？我反复考虑了很长时间，终于发现这同我的身心有很大的关系。因为高尔夫中心的场地四周放满了供你重新打的好球，而比赛场里却不具备这种条件。周围不放好球，我的心里就紧张。找到了原因以后，每次去比赛场打球，我都要在场子周围放上几个好球，使自己的心情松弛下来。后来我的命中率一下子提高了很多，球越打越好……说来我这个人也真怪呀！”

其实，我们每一个人，对集中注意力要求的条件大都是不同的。有的人在集中注意力时非得要求听听音乐才行；而有的人却希望有个安静的环境；有的人非常适应杂乱无章的生活环境，在收拾得干干净净的房间里反而不能集中注意力。

这么看来，能够集中注意力的环境，的确是容易培养注意力集中这种良好习惯的必备条件。这种好习惯，无论是谁都能养成。充分利用这种适合自己的条件，则是增强注意力的一条捷径。

3. 开阔思路

19世纪英国著名的化学家、物理学家米歇尔·法拉第说过：“我在电解质的基础上，将原子的活动作为一种形象浮现在自己的头脑里……”结果，法拉第终于发现了著名的电解法则。

西内科蒂库斯.W.J.戈登说：“发明家不要把自己看成是高人一等的奇才，应该投身到研究对象的活动中去，把自己看成是活动的一个分子，在扩大形象思维的基础上进行观察和思考。必须真正成为一个分子，随分子的活动而活动。当然，发明家永远是人，但他应当学会这一点。在短暂的一瞬间，抛开刻板的公式束缚，亲身感受到分子的变化。”

爱因斯坦也讲过：“在考虑研究的课题时，应当扩大形象思维，把自己看成是一个思考的对象。如果思考的对象是分子的话，那自己就是分子。如果是光子的话，自己也就是光子。只有这样，才能使头脑中模糊不清的问题得到清晰的答案，并取得新的发现。”

优秀的发明家、科学家、艺术家就是这样，不断地将自己变成思考的对象，进而扩大形象思维的。

在需要集中注意力时，我们的头脑中应当充满注意对象的形象。这时，只要联想到任何一种与注意对象有关的形象来，都可以促进注意力的集中。

4. 确定期限

俱乐部的活动，整天不是跑步，就是挥舞棍棒，实在令人感到乏味。如果说“再练一小时，今天的活动就结束”的话，大家顿时会精神倍增，把全部注意力投入到这最后一小时的训练中去。

在公司里，如果经理说这项工作必须在明后天完成的话，你将怎么干？如果领导不规定期限的话，你又会怎么干？在哪种情况下你的干劲最大？

我们在从事某项工作的时候，与其“无限期地干”，倒不如确定一个期限为好。只有确定了期限，才可能在这段时间内，把全部注意力倾注在工作上，从而胜利完成任务。

5. 劳逸结合

为了提高训练质量，田径运动中有一种间歇跑的训练方法。运动员拼命跑了100米以后，接下来再慢跑100米，反复交替进行练习。

剑术中也有类似的训练方法，叫作“冲刺练习”。以20～30秒为一个阶段，竭尽全力与对手拼刺，休息10分钟过后，再拼一回命。

出主意、想办法也需要休息。在集中注意力的时候，应做到适当地休息，以保持一个清醒的头脑。消除大脑的疲劳，为的是继续集中注意力。反复这样去做的话，肯定会想出解决问题的高招来。

多动脑筋，积极思维

大脑的记忆活动与思维活动是密切联系在一起的。在记忆过程中，主动地多用脑子去想，记忆的效果就好。如果在记忆过程中，只是机械地背诵，记忆效果不会令人满意。

我国古代不少学者都提倡学习时要善于思考。孔子说：“学而不思则罔，思而不学则殆。”即光学习不思考是学不好的，光思考不学习也无用。宋朝哲学家张载说：“学则须疑。”

要想记得牢，先要理解透。实践经验证明，毫无意义的字连在一起，很难记住。泰国首都全称是“黄台甫马哈那坤弃他哇劳狄希阿由他亚马哈底陆浦欧叻辣塔尼布黎隆乌冬帕拉查尼卫马哈洒坦”简称曼谷，我们要想记住泰国首都的全称实在太困难了。

德国著名心理学家艾宾浩斯做了这样一个实验，识记 12 个无意义音节，需要 16.5 次才能背诵；识记 36 个无意义音节，需要 54 次才能背诵；而识记 6 节诗，其中有 480 个音节，却只要 8 次就能成诵。这个实验，说明了有意识记比机械识记的效果好，也说明了理解对于记忆的重要性。

心理学家曾经做过这样的实验：在36个厚纸板的图片上各写一个词，每个厚纸板的图片都放在一块正方形木板上的一定位置。在暗室内，用灯光按照一定的顺序逐一照看。在每次照亮时，被试者可以清楚地看见所照亮的一个图片上书写着词，其余的词都看不出来，只能稍稍看见其他图片在木板上的位置。将被试者分为两组，要求第一组被试者取出由主试者的指字棍所指的那些词的图片，要求第二组被试者自己拿下全部代表动物词的图片（共有8个）。在实验进行过程中，对两组被试者都不要求记住什么东西。而当实验结束后，则要求两组被试者回忆拿下的图片在木板上放在什么位置和书写着什么词。第一组被试者对拿下的图片所放的位置及所书写的词都没有记住。第二组被试者不仅能够记住了全部代表动物的8个词中的7个到8个，并且记住了其中4个到5个图片的位置。为什么两组被试者的记忆效果有着明显的差别呢？这是因为第一组被试者在实验过程中只是按着主试者的要求把图片拿下来，他们没用脑去想拿下来的图片所放的位置及上面书写了什么词。第二组被试者在实验过程中则需要动脑筋思考。

为了加强理解，对于材料本身的联系很少的事物，可以人为地找出一些联系。例如要记住辛亥革命的年代（1911年），可以想到它比中国共产党建立（1921年）恰好早10年。

积极的思维活动对于各个年龄阶段的记忆都是很重要的。对于儿童，要从小培养善于动脑筋的习惯，指导他们在学习新知识时要善于与已经学过的东西进行比较，区别二者之间的相同点和不同点。教师在课堂教学中要多采用启发式，使学生通过自己积极的思维活动去掌握新知识。

为了加强理解，在教学中，特别在幼儿园和小学的教学中，要尽量利用一些直观材料，例如实物、模型、图片等。这样就可以建立较多的联系，便于记忆。对于幼儿园的儿童进行识字教学，采用看图识字的效果就较好。对小学生的外语教学中，利用图片，如提出一个外语词，告诉汉语词义，同时显示代表词义的图片，这样的记忆比单是告诉汉语词义的效果要好得多。

在教学中，我们提倡在理解的基础上进行记忆，反对死记硬背；但是对机械记忆的作用也要有足够的估价。在学习中总有一些记忆材料是无意义或意义不大的，或暂时不能理解的，如有的地名、人名、历史年代等，就需要机械记忆。不要把意义记忆和机械记忆绝对对立起来。其实用机械记忆记住的东西，对于更好地理解也是有帮助的。学习文科的人要多背诵诗文、经典著作。“读书破万卷，下笔如有神”，“熟读唐诗三百首，不会吟诗也会吟”是很有道理的。

兴趣是成功记忆的前提

兴趣和记忆有着密切的关系。人们常说的“只有爱好它，才能十分精通它”，这句话在一定程度上反映了兴趣是有效地进行记忆的前提。

对大脑发育健全的人不应当笼统地说记忆力“好”或“坏”。因为个人兴趣的倾向性对心理活动的一切过程起着重要的作用。

记忆力的好与坏，也取决于一个人对所记事物的兴趣、欲望。一个人可能在某些方面对某类事物记忆不好，但有可能在另外一些方面对另外一类事物的记忆却十分出色。所以，考查一个人的记忆力是“好”还是“不太好”，甚至“很差”时，必须将他对该事物的兴趣联系起来进行具体考查，而不能笼统地下结论。

一、对兴趣的认知

可以说，不论是谁，对自己感兴趣的事都能显示出良好的记忆力。比如，对足球比赛有兴趣的人，能清楚地记住足球比赛的时间、场地、球赛进展情况、足球明星等。对此不感兴趣的人，也许会对足球赛一切具体内容一无所知，甚至根本举不出任何一个足球明星的名字。可见，兴趣对记忆活动非常重要。老年人的记忆力衰退，当然有其生理上衰退的原因，但是失去兴趣和好奇心也是一个不容否认的重要原因。正是因为兴趣和记忆有着密切的关系，所以德国大诗人歌德说：“哪里没有兴趣，哪里就没有记忆。”

所谓兴趣，是指人们积极探究某种事物的认识倾向，它与人们的需要密切相关。人饿了，就对食物感兴趣，人困了，就对睡眠感兴趣；爱打扮的姑娘对服装感兴趣，爱看球赛的小伙对球赛感兴趣……这是人所共知的。正是因为有兴趣，我国东汉时的科学家张衡才整夜整夜地数星星，然后绘成星图；法国昆虫学家法布尔才在骄阳下连续几个小时观察昆虫；当代数学家陈景润才能如醉如痴地为摘取皇冠上的明珠进行拼搏……

兴趣引导人们不断进取，兴趣也帮助人们加强记忆，心理学研究证明了这一点。有位心理学家指出："有助于在学生的记忆中巩固教材的一些条件中，占有一定地位的是对所掌握的知识发生兴趣。教育心理学教师的观察证明了，如果对课程的内容发生兴趣，只要付出很小的力量，则材料巩固得就比材料没有触动学生，而且使他们无动于衷的时候，要持久得多。"大科学家爱因斯坦在自传中回忆学小提琴时说："我渴望着把异常优美的乐曲表达出来，就逼着自己提高演奏技巧，对于那些枯燥的乐谱也就容易记住了。我认为，对一切来说，只有'热爱'是最好的老师，它永远胜过责任感。"强烈的兴趣是许多科学家成功的秘密。比如，一个多世纪前，德国牧师卡尔·威特有个公认天赋很低的孩子。牧师对孩子进行了早期教育，通过诱导孩子的兴趣来启迪孩子的记忆和思维，使小卡尔·威特逐步克服了记忆品质上的缺陷，8 岁通 6 国文字，9 岁进大学，13 岁成为哲学博士，16 岁任柏林大学法学教授。可见，从天赋差的儿童变为早慧的"天才"，兴趣显示出了多么惊人的魔力啊！

二、兴趣对记忆力的影响

那么，为什么兴趣对人的记忆会产生这么大的影响呢？原因有以下两点：

第一，兴趣会在大脑皮层中形成兴奋优势中心，这时脑神经就会处于积极的工作状态，不但不会感到记忆是一种负担，反而会处于一种陶醉或享乐之中。创立精神分析学说的心理学家弗洛伊德曾做出这样的结论：意图是所有记忆和忘却的基础。所以，由于对识记材料不感兴趣，本身就留下了遗忘的"基因"。

第二，兴趣会使我们集中注意力。根据心理学实验，测定不同年龄的人保持高度注意力的时间是：7～10 岁为 20 分钟；10～12 岁为 25 分钟；12 岁以上为 30 分钟。如果对识记材料发生浓厚的兴趣，保持注意力的时间就会大大延时。

同时，兴趣还能引起对事物的认真观察、积极思考和保持良好的情绪，从而激发大脑中记忆和学习的关键性动力，刺激智力活动，增强学习和记忆的效果。

兴趣与记忆的关系要求我们，在记忆活动中，要不断培养自己的兴趣，以期获得良好的记忆效果。当然，培养兴趣应该采取两条腿走路的方针。一方面培养对客观世界的广泛兴趣，一方面培养中心兴趣，二者是并行不悖、不可偏废的。广泛兴趣是中心兴趣的基础，中心兴趣又要求广泛兴趣的扩大。在这个广泛兴趣之上，使中心兴趣得到了淋漓尽致的发展。因此，要想提高记忆力，达到过目不忘的目的，培养广泛兴趣和中心兴趣，二者缺一不可。

高效的记忆离不开自信

所谓自信，是指相信自己的能力，确信意愿能够实现的心理状况。自信心是增强记忆力、成就过目不忘的内在动力，自信心越强，记忆效果就越好，要获得事业上的成功，自信心是首要条件。鲁迅先生曾鼓励青年要有自信心，他说："愿中国青年摆脱冷气，只是向上走，不必听自暴自弃的话。"居里夫人在艰难的困境中表示：“我们应该有恒心，尤其要有自信力！我们必须相信，我们的天赋是要用来做某种事情的，无论代价多么大，这种事情必须做到。”高尔基认为：“人类已经千百次地证明，他要成为怎样的人，就能成为怎样的人。”美国马尔兹说：“你想你是什么，你就是什么；你想你能做什么，你就能做什么。”这些至理名言揭示了自信心对事业的重要性。

一、对自信的认知

在漫长的人类历史长河中，几乎处处都可以看到自信心结出的硕果。司马迁充满自信，忍辱负重，写出了我国第一部通史；李时珍充满信心，遍尝百草，完成了药物学巨著《本草纲目》；莱特兄弟凭着自信心，击碎了专家学者们的不能制造飞机的预言，实现了飞上天空的意愿；法国布莱尔凭着自信心，发明了帮助盲人征服黑暗的盲文……高尔基曾赞扬列宁说：“对待现实有着了不起的坚忍不拔的精神，无论这现实是多么困难和复杂，决不会使他困惑，决不会动摇他那坚定的信心……”指挥中国女排获得“三连冠”的女排教练袁伟民在海内外褒誉声中说：“我们临场比较冷静，主要是靠自信心。因为有了自信心，赢球时，我们觉得是应该的，而输球时，我们又觉得是可以赢回来的。”

要想在拥有自信心的基础上获得事业上的成功，首先就要在记忆时充满自信地学习和工作，如果对自己的记忆力失去信心，往往会阻碍记忆甚至导致真正的健忘，使学业和事业一事无成。心理学研究成果证明，客观环境和自己就可能引起自信的波动。人们可以接受别人对自己的暗示，自己对自己也可以进行心理暗示，比如有些人在参加某种竞赛时自己给自己鼓劲，就是一种自我暗示。担心自己记不住的思想顾虑，是缺乏自信心的自我暗示。这种暗示，往往会使脑神经细胞产生抑制作用，使被记忆物在大脑中留下的印象模模糊糊，不便回忆。反之，如果进行自己能记住的心理暗示，即充满信心。那么这种暗示会使大脑皮层形成一个很强的兴奋中心，其他无关部位都处于抑制状态，这样势必集中对被记物的注意，使其留下清晰的印象。

对记忆力的自怨自艾、自暴自弃，实际上正是在自我构筑记忆障碍，在不知不觉中降低记忆效果。当然，自信也不是异想天开，妄自尊大。自信是建立在正确认识自己基础上的。美国的著名科幻小说家阿西莫夫 19 岁获物理学士、21 岁获文学硕士、28 岁获哲学博士、35 岁当上了医学院生物学副教授。取得各方面成就的阿西莫夫在决定今后是从事科学研究，还是从事文学创作的问题上，正确地分析了自己，坚信自己的文学创作才能。他说："我明白，我决不会成为第一流的科学家，但是我可能成为第一流的作家。"理智、自信为他登上美国著名作家的宝座奠定了品质和心理基础。

二、如何培养自信

自信对记忆、对事业如此重要，那么，应该怎样培养自信心呢？简单地说：

首先，要破除迷信。迷信是自信心的天敌。马克思说过："搬运夫和哲学家之间的原始差异要比家犬与猎犬之间的差别小得多，他们之间的鸿沟是分工造成的。"因此，每个人都不应自暴自弃，自己看不起自己，要相信自己，敢于与“天才”竞争。

其次，要注意积累微小的成功。苏联的布朗尼科夫斯基在《提高创造力的七个步骤》一文中主张：通过一次微小的成功来增强自信心。实践证明，不论是谁，每克服一次困难，即使是只取得十分微小的成功，自信力也会随之增强。

适应用脑的规律

心理学研究证明，大脑的工作特点之一就是对有适当难度的学习或研究项目，能相对地保持较长时间的兴奋状态。

有经验的教师们在组织课堂教学时，善于把同样的教材“变”得有一定的难度。比如在讲“勾股定理”一节的时候，如果课后的习题或课本上的例题过于简单——只要学生们记住了“勾方 + 股方 = 弦方”这一公式就能轻而易举地做出，那么，这些老师在讲完这部分内容时，就会立即拿出课本之外的几道题来。虽然这些题的解答均与“勾股定理”有关，但是它们的难度却增加了——必须认真动脑、积极思维才可能做得出。学生们的积极性立刻会被调动起来——这些题的难度使他们发生了兴趣；如果教师在布置作业时不考虑大脑工作的这一特点让学生们去做一些无须费力的习题，那么他们在做这些题的时候则会感到乏味——这对于消化和巩固课堂知识，对于锻炼和提高学生们的思维能力，增长他们分析问题和解决问题的才干来说，其效果绝不会理想。

一、用脑要保持适当难度

为什么对那些有适当难度的课题，大脑能保持长时间的积极兴奋状态呢？

难度可以激发兴趣。面对有适当难度的项目，人们会产生兴趣而跃跃欲试。这时，大脑会进入兴奋状态。人们的注意力会高度集中而导致大脑的积极思维：归纳、分析、综合、处理，这一连串思维的连锁反应会以高速度进行。当这一切得到令人满意的结果时，人们会感受到成功的喜悦，而困难的解决，增强了人对自己能力的信心，使脑的机能得到了有益的锻炼。

我们之所以强调难度要适当，是鉴于人脑工作的这一特点的：新的知识若与脑中已形成的知识链很快地联系到一起，学习的效率就高，效果就好，而这种联系能否形成则与难度有关。

如果片面追求难度，造成难度过大，新的知识与过去掌握的知识毫无联系，虽经苦思冥想，仍感费解，在这种过于超过已掌握的知识基础和已具备接受能力的情况下，大脑是处于超负荷运转的，那么就必然导致处于兴奋状态下的大脑很快转入抑制状态，用脑者本身就会感到疲劳而兴趣锐减，注意力的集中将遭到直接的破坏。

如果过多地降低了难度，学习的东西过于简单，仅仅是限于将过去的东西简单重复，不需要再花费什么努力，大脑很快会产生“满足感”，这同样是不能使注意力长时间集中的。

根据这一特点，我们就应当正确地安排难度，遵循由浅入深、由简到繁这一循序渐进的学习规律科学用脑，使目标既是自己力所能及的，在自己已有的知识经验的链条中找到连接点，又要经过一定的努力才能完成。

根据这一原则，我们在安排自己的总体学习计划时，一定要注意使整个进度快慢适中，既不能使进度太快，也不应太慢。学习进度太快时，对新的知识理解得不透彻，造成基础知识的不扎实，将影响以后的进一步提高。只有进度适中，才能保证透彻地理解消化，才能真正把所学的东西变为自己的知识积累，从而为自己大脑中的知识大厦奠定牢固的基础，在运用时才能做到举一反三、纵横捭阖。

如果进度太慢，就等于消极怠工，既消费了宝贵的时间，又使大脑养成了惰性，使它慢慢习惯于“低速思维”，后果是不堪设想的。

人们常说“没有压力轻飘飘”，这句话也适合用来形容大脑的工作。我们说，用脑如果做到了难度适当，进度适中，就会造成一种紧迫感，就会形成一种强度恰到好处的压力。在这种压力下，人们会感到紧张、兴奋，注意力将高度集中，观察力将分外敏锐、思维力将非常迅速与准确。在这种情况下，大脑的工作效率与质量将得到可靠的保证。

二、循序渐进

知识本身是一个完整严谨的体系。任何一门专业知识都是由简单到复杂、由浅显到深奥的。其内在联系十分紧密，前因后果，来龙去脉，存在着很强的系统性、连贯性、渐进性。前面的知识是后面知识的源，后面的知识是前面知识的流。可谓“环环紧扣，层层相因”。鉴于如此特点，我们必须在“循序渐进”原则的指导下，先浅后深、先易后难地进行学习。

“着急喝不了热豆粥”，“一口吃不成大胖子”，知识的增加是一个不断汲取、逐渐积累的过程，因此用脑一定要注意循序渐进。

华罗庚教授说：“这方面，我年轻的时候是有过教训的。有时候，由于急躁，想学得快些，跳过某些必要的步骤，可是后来到运用的时候，发现是一锅夹生饭，还得返工重来。这样进度反倒慢了。这使我明白了一个道理，就是循序渐进才是最好的方法。”他打了一个很好的比喻，“学习好比爬梯子，要一步一步地来，你要想快些，一脚跨四五步，非摔下来不可。”

爱因斯坦在26岁时就创立了狭义相对论，正当他踌躇满志，扬开理想的风帆准备起锚远航的时候，却因为数学方面的知识不够，不能按预定计划进行，而不得不以相当的时间和精力继续这方面的学习。他回顾自己的经历时说：他仿佛在攀登雪山，脚下滑溜溜的，没有一点攀附的地方。顶峰在阳光下闪烁着明丽灿烂的光，在向他招手，可是这崎岖的路，这陡峭的坡，刚走了几步，又滑下来，回到原来的老地方。他沿着一条小路绕到背后，重新开始攀登，还是老样子，刚走几步，又滑了下来。面对着挫折和失败，他总结了自己的全部工作，找出了教训。他知道了：自己缺少一双登山鞋，缺少一根登山棒，而数学就是这登山鞋和登山棒。后来他请教格罗斯曼教授，教授告诉他要解开引力之谜有现成的数学公式——黎曼几何和张量分析。爱因斯坦在《自述》中回忆起这件事时深有感触地说：“数学在我求学时代并不太使我感兴趣，因为我天真地认为对于一个物理学家来说，掌握好基本的数学概念就够了。我认为数学里其余的部分对于认识自然是并不重要的奢侈品。这个错误后来我只好痛心地承认了。”

巴甫洛夫曾根据自己毕生从事科学研究的经验和体会，给决心献身科学事业的青年们写了一封言词恳切的信，在这封信中有这样一句话：“我一谈到卓著成效的科学工作所应具备的这个最重要的条件，心情就不能不激动。循序渐进，循序渐进，再循序渐进。你们从一开始工作起，就要在积累知识方面养成严格的循序渐进的习惯。”

必须循序渐进。当大脑中的知识储备已形成了系统时，人就会对知识本身产生更加浓厚的学习兴趣和学习欲望，这种兴趣和欲望使大脑在工作时表现出更高的积极性来。可能有的青年朋友认为“循序渐进”就意味着老牛拉车——慢腾腾，这是片面的。循序渐进中蕴藏着“跃进”，事物都是由量变到质变，由“渐进”到“跃进”，前者是后者必要的准备，后者是前者必然的结果，两者是相辅相成的。

必须循序渐进，因为只有循序渐进才能掌握系统的知识，而掌握了系统的知识之后，新知识信息才容易为大脑所接受。系统知识的特点之一是有自己严密的逻辑关系，因此，从认知的理论来说，它极容易认知新的事物，并把它纳入已有的系统而储存起来。而系统知识的另一个突出的特点是，当需要的时候，能迅速地从自己丰富的知识宝库中提取出最有用的内容来。

三、抓住最佳时间

一年之计在于春，一日之计在于晨，大脑在不同的时间的确有不同的效能。我们都有这样的体验，有些时间里，你不管去做什么，都会觉得自己真是精神焕发，精力充沛，会感到反应迅速，动作敏捷。只要你稍加留心，就会发现在这种时间内，你学习也好，工作也好，效率要格外地高，一小时甚至能抵两小时、三小时来用。然而有的时候，动起脑来却总是觉得好像机器生了锈一样：迟钝、呆滞。在这种时候，你甚至要生自己的气，你强迫自己去做什么，但却感到注意力集中不起来，思维不如平时灵活、机敏，而记忆力则更糟糕，本应当在 5 分钟之内就熟记成诵的一首小诗，却用了 15 分钟。

这究竟是怎么回事呢？

原来，人类的生理机能和生活习性受一定的时间节律支配。在一天 24 小时之内，人脑的工作状况及在其指挥下的各种活动呈现高潮与低潮，相间有致的规律。在正常情况下，每天的高、低潮的规律是稳定不变的，只有在紧急情况下，当大脑发出强制性命令时，这种节律的稳定性才会被破坏。

所谓用脑的最佳时间，就是按照这种人体节律而周期性出现的高潮期。这种高潮期出现的特征是，在这一段时间之内，人的思维能力、注意力与记忆力呈最佳状态——思维敏捷、注意集中，记忆的速度快、质量高。

对于每一个具体的人来说，脑工作的高低潮期在 24 小时内并不一定在相同的时刻出现。我们在这方面都有自己的体会。比如，有的人经过长期实践，发现自己适合晚间从事脑力劳动。在每天下午 3 点之后至清晨 2 点这一时区内，工作效率最高，这就是他的节律特征——高潮期是下午 3 点至清晨 2 点；而有的则不然，觉得自己适宜于在早 6 点至 7 点，上午 9 点至 11 点，下午 3 点至晚 7 点，晚 8 点至 10 点这几段时间内从事脑力劳动；还有的则感到早 8 点至中午 12 点，下午 3 点至 9 点精力最旺盛，思维最敏捷……

不同人的节律周期不同，这是客观存在的事实。如果以统一的模式去束缚每个人的行动，硬性要求人们按统一的时间去进行相同内容的工作，这是不科学的做法。确定自己大脑每天之中的高效期并不难，只要在用脑实践的过程中，注意自己在不同时间内的不同感觉和用脑效率，并有意识地总结和分析，就能很快地找到自己的节律。

在实际生活中并不是所有的人都能重视并顺应这种自然存在的节律的，最突出的表现就是缺乏用脑的规律性。今天用高效时间苦读书，明天则在高效时间睡大觉，又强迫自己在低效时间兴奋起来。长期如此，会把自己的生物钟搞乱，而有规律地正确使用，则会使高效时间固定下来。苏联著名教育家苏霍姆林斯基在《给儿子的信》中说："清晨起来，上课以前用功一个半小时，这是黄金般的时间。凡是早晨我能做到的事，我都要把它做完。30 年来，我都是从早晨 5 点开始自己的工作，一直工作到 8 点。30 本有关教育学方面的书，以及 300 多篇学术著作，都是利用早晨从 5 点到 8 点的时间写成的。我已经养成了脑力劳动的节律；即使我想在早晨睡觉，也是办不到的，我的全部身心，在这个时间只能从事脑力劳动。我建议你用早晨一个半小时的时间去从事最复杂的创造性的脑力劳动。思考理论上的中心问题，钻研艰深的论文，写专题报告。如果你的脑力劳动带有研究的成分，那只能在早晨的时间去做它。”

规律是客观存在的，遵从这种规律，则会以相等的劳动获得更高的效率和更好的效果。长时期地按规律行动，形成良好的读书、工作习惯，会形成“动力定型”，从而进一步强化其影响，这是我们每个人应注意的。

睡得好才能记得好

睡眠是人类必不可少的生理需要，与记忆力有着密切的关系，有效的睡眠可以使大脑得到充分的休息，有利于增强记忆力。相反，睡眠不足则会引起记忆力的下降，可是过度的睡眠也会影响记忆力，造成记忆力的混乱和下降。

一、对睡眠的认知

睡眠质量差或是睡眠时间不足，会导致记忆能力变差。科学家发现，长期不规律或低质量的睡眠，不仅造成白天容易疲劳，而且还会造成记忆力的损伤。大脑生理学家研究表明，大脑在工作的时候需要某种含氧化合物，而这种含氧化合物只有在睡眠时才能大量制造，睡眠中制造的大量含氧化合物为觉醒时的思维与记忆提供了足够的物质基础。失眠破坏了大脑的正常休息，使大脑皮层的部分神经细胞过度疲劳，对记忆力伤害非常大，长期失眠还有可能引起神经衰弱。

因此，高质量的睡眠对于记忆的状态是很重要的。充足的睡眠与合理的作息时间是为高效的记忆、高效的学习做准备，也是保护大脑、促进记忆的比较合理的生活方式。

有科学家曾经用实验证明过睡眠对记忆的巩固作用。在实验中，让两组同学分别熟记一首诗，然后让第一组同学去睡觉，让第二组同学继续做自已想做的事情。测验结果发现第一组同学对诗句记忆保持得比较好。这说明在睡眠中，记忆过程并没有停止，大脑会对刚接收的信息进行巩固。

有研究表明，深度睡眠也在一定程度上影响着记忆。研究人员曾经突然打扰深度睡眠的动物，之后，实验人员发现深度睡眠被打断，会影响动物快速识别熟悉物体的能力。由此证明打断深度睡眠对于动物的记忆和辨识能力的影响。“英国睡眠协会”前会长尼尔博士指出：“白天我们的大脑会收集大量的信息，这些信息需要被整理和进行分类，而且其中有些信息我们需要牢牢地记住，并作为长期记忆进行保存。将这些信息整理、分类和牢记，都是大脑在夜晚睡眠的时间里进行的。所以中止深度睡眠会或多或少地影响我们的记忆力。”

根据大脑的电活动状态不同可分为两个睡眠阶段，慢相睡眠阶段是大脑电活动逐渐减缓、无眼球活动，肌肉紧张存在，但不广泛。反相睡眠阶段是大脑电活动接近于轻度慢相睡眠阶段，眼球活动迅速，身体紧张消除，极少的面部肌肉和手脚肌肉保持紧张，在睡眠的这个阶段最典型的表现是做梦。

有人曾做过这样一个实验，通过在适当的时候把一个被试者叫醒，或者是通过某种抗抑郁药物来消除紧张因素，来避免让他进入反相睡眠阶段。发现被试者做这个实验做几个月或几年，对他的记忆都没有影响。然而，在动物身上做这个实验，就会发现不让动物进入反相睡眠阶段，动物的记忆力会减退。

反向睡眠可能对隐性记忆有影响。在回忆某个事物的时候，储存在显性记忆中的事物，在睡眠的第一个阶段之后就会渐渐变得清晰，这时慢相睡眠占优势；当回忆与隐性记忆相关的信息时，在睡眠的第二个阶段时，反相睡眠占的比例更大。

二、如何培养良好的睡眠

保证良好的睡眠一定要有合理的作息安排，形成习惯。

首先，遵守睡眠时间和规律。良好的睡眠应遵循作息节律，每天按时睡觉，按时起床，保证睡眠的时间。长期形成的睡眠规律，不要随意改变。至于睡眠的时间因人而异，每个人都知道自己睡几个小时就会达到最佳睡眠的程度。

其次，建立起良好的睡眠模式，接下来就要抵制一些诱惑，避免影响正常的睡眠。例如，上网玩游戏、看电视连续剧等。

另外，午休也非常重要。经过一上午紧张的工作和学习，要是在中午休息时间里能睡 10 ~ 15 分钟，可以消除疲劳、恢复大脑兴奋、振奋精神。需要注意午睡时间不要太长，避免影响夜间的睡眠。

需要特别注意的是，我们要尽量避免在白天睡觉，避免在晚上喝酒和含有咖啡因的饮料。要注意睡前饮食，晚餐不要吃得过饱、过腻，也不要吸烟。这些东西会刺激大脑，让大脑处于兴奋状态，不利于睡眠。但也不能饿着肚子睡觉，这样血液中的养分太低，也会睡不着。

如果半个小时之内还没有睡着，那就起来做一些事情，让自己放松一下，等到感觉疲惫了再上床休息。

提高感官的敏锐度

注意力、全神贯注、意识等概念，无不与人对周围世界的感知有关。在思想开始处理信息和将其贮入记忆卡片箱之前，人们必须用感觉器官感知外部世界。感觉器官越敏锐，对某件事或对某个人的记忆就越好。例如，有人真正欣赏一种花，就不仅仅是看花。他会变得兴致勃勃，会感触到它的体态、株形、颜色、神韵和香味。他对这种花的知识越丰富，就越记得牢。

一、表象逼真因人而异

现实生活中，有些事情尽管已经过了很久，可是一旦进行某种重复的动作，立刻就能回忆起以往的事。例如游泳、跳舞、骑自行车等，会游泳的人尽管一年多也没下水一次，但一到游泳池依旧会游，儿时背诵过的诗常常能回忆起来。

1. 一张画胜过千句话

宣传人员经常引用这样一句话，“一张画胜似千句话”。假若语言能够表达非常清晰的形象，反映在头脑中又清晰可见，那么所读过的东西都会留下深刻的印象。优秀的作家具有创造长时间留在读者心中的语言表象的才能。一位美国剧作家在写《珍妮·达尔克》剧本之前，曾经调查过法庭裁判珍妮时做出的详细而准确的结论。他为收集情报给美国国会图书馆写过信，图书馆人员给了他这样一个表象："请你想一想如同棒球内场一样的法庭，审判长坐在本垒板上，陪审员和其他官员在第一垒线上，信徒们在第三垒线上和一、二垒之间。珍妮在投手的位置，面向审判官。"

这不仅是简单逼真的记述，还表明视觉形象化是如何支配记忆的。我们在头脑里能够清清楚楚地描绘出棒球的内场情景，就能想象到几个世纪以前的审判情况。这个逼真的意味深长的场面绝不可能忘记。

2. 多种感觉相互作用

想要记住就需要视觉形象化。如能在头脑中清楚地描绘某一事件、单词、物、人，那就容易再现。这种表象越鲜明，学过的东西就越能长时间记住。但是无论视觉形象化达到如何好的程度，还是应该利用其他表象。越多地利用多种感觉，越多地利用对自己最有效的感觉，就越容易记忆，这是众所周知的"多种感觉相互作用"的原理。

听觉表象比视觉表象记忆效果好的人，可以在听觉表象上下功夫。但是，即使如此，也应该尽量多利用其他感觉。学习做某件事时，使用的感觉越多就越容易学好，这是确定的事实。例如：向别人请教某个单词时，听别人的发音就把那个单词记一下，并在学习中自己再多次练习发音，这样那个单词就容易记住，这时使用了三种感觉，即“听老师读单词的发音”、“练习单词的拼写”、“听自己读单词的发音”。此外，把该单词的拼写、发音、意思结合起来进行视觉形象化也很重要。记“Dictionary”这个单词时，想象辞典就在眼前。要记住某件事时，最好的方法是尽量利用多种感觉。这就从记忆的客观上要求我们训练各种感官，提高感官的敏锐度。

在人类历史上曾有很长时期，凡是有感官刺激的事都被视为一种罪孽。人们只谈神灵，同感觉保持一定距离，反对和鄙视感官的发展。

正确的信息储存首先需要感知足够强烈，其次需要感知清醒，感觉器官的训练这样就显得良好。任何器官都是如此，虽然人的某些器官已非常发达，但某些器官却还不及一些动物，如嗅觉不如狗、视觉不如鹰、听觉不如鼠等。

现代文明生活使许多人的感知越来越差。因此，需要重新训练感知，你将惊异地看到在这方面会取得重大进展。此外，人与人之间在嗅觉和味觉方面也存在着很大的差异。据说，一个训练有素的品酒员尝过第一杯葡萄酒能说出酒的产地，尝过第二杯能说出葡萄区，尝过第三杯能说出酒的存放年头，这确实是一种非凡的专业性记忆力。

人们也知道盲人的触觉非常发达。有些盲人走近一堵墙时，在未碰到墙面之前，就意识到这堵墙的存在。

人与人之间在听觉和视觉方面差别也很大。就拿眼睛来说，视网膜细胞的组成因人而异。有些人视网膜上有大量的杆状体，因此晚上视觉非常发达，这些人就是夜视患者。而有些人听觉格外发达。

因此，训练感官对于恢复记忆力极为重要。

二、全方位打造神奇的感官

要想提高记忆力，恢复过去的记忆，首先能够捕捉到它们，我们的感官能做到吗?

动物在生活中有一条普遍的法则：与生活无关和不经常保持联系的一切逐渐趋于消失。人的记忆也是如此：每次当你回忆以前的一件事时，都需要触景生情。

人的许多官能正在退化，只有极少数器官（如大脑）正在发展。这一切都属于生物进化系统。换言之，如果与生命的持续时间相比，这样的进化极其缓慢。

无论怎样，在我们的小范围内，没有被利用起来的任何功能都趋于衰退。举例说，都市生活远远没有使我们利用我们的感官潜力，反而经常损害我们的感官潜力。我们的祖先生活在原野上或森林中，全凭耳朵窥伺一点点响声。

尽力全方位训练我们的感官，我们会发现，潜力比我们认为的大得多。请试试以下的训练方法，它会对记忆有很多益处。

1. 训练触觉的能力

人体有三种皮肤觉。首先是皮肤的触觉，它是由于皮肤的机械变形引起的，因为感受器是盘状体细胞和神经筐：细胞内有一个螺旋形神经末梢，而神经筐则在毛囊中。感觉的变化因部位而异，舌部、指尖和额部越敏感，腹部、前臂、背和肋部就越不敏感。

其次是皮肤的冷热觉。它是由于被称为“克劳斯式细胞”的特殊细胞受到刺激而引起的。这些通常被遮盖着的部位最为敏感。相反，黏膜对热不那么敏感。

最后是皮肤的痛觉。它是由于自由神经末梢受到刺激而引起的。感觉因人、因情感状态和因皮肤以前受到的损伤程度而异。

关于使我们在这里对记忆问题特别感兴趣的触觉，可以用训练视觉的方法来同样训练它。在西方世界中，除对盲人进行触觉训练外，几乎没有触觉训练。我们已经看到，对触觉的训练在某种程度上可以暂缓视觉的衰退。但是有些民族有进行触觉训练的习惯。如非洲的一些隐士，他们要求精神病患者学会触摸树皮，辨认对树皮的触觉特点。不时地意识到触觉对训练记忆是有益的。

2. 训练记忆声音的能力

训练记忆声音的能力，对大多数人来说不难理解。例如，有一天，我们在一个陌生的大森林里迷了路。这时，我们站在原地一动不动，不发出一点响声，心里默记着森林里的各种声音。走出大森林后，记录下观察到的结果。虽然一时无法验证各种声音的准确性，但是原路返回森林时，我们将能辨别出森林里几乎各种声音。

利用音乐做这种记忆练习更加容易。更恰当地说，是一种常见的音乐听写。听完一段比较复杂的合音，或大合唱乐曲，或富有旋律的短曲，把它默写下来，不要弄错高音和低音。

另一种练习方法是，用钢琴演奏一首曲子，连续两遍；演奏完之后，马上唱出来。儿童的音乐记忆有时令人吃惊。他们能

“背出”许多曲子。大多数演奏家连续演奏数小时都不用看乐谱，有些高龄的乐队指挥在指挥总谱时根本不看眼皮底下的谱架。

莫扎特在14岁那年听了阿莱格里·格雷里一首弥撒曲，回到家后，他几乎完整地默写了出来。

这就是对声音的非凡记忆力。只要坚持不懈地进行训练，有天赋的人一定能取得引人注目的成绩。只要坚持不懈地做这个练习，记忆力将有明显提高。

3. 训练耳朵的能力

听觉是接收外界信息最高的感觉渠道之一，很多时候一些重要信息都是通过听觉渠道进入到我们记忆中的，比如，广播中说的一些重要新闻和事件、老师讲的一些小知识等。

很多人都有这样的经历，在和别人谈话的时候，别人说了一些重要的信息，但是在谈话之后却发现这些重要的信息并没有记住，于是就会抱怨自己的耳朵不好使，当时怎么没听清，这也就是说我们听到的信息并没有形成听觉记忆。但是，我们不能记住听到的重要信息真的是耳朵出现问题了吗？耳朵不出问题我们就能记住所有听到的信息吗？

每天通过耳朵输入到我们大脑当中的信息是非常多的，虽然不能够全部记住，但是毕竟能记住一部分，这就说明我们的耳朵并没有出现问题。如果是因为耳朵出现问题而记不住信息，那应该是所有的信息都记不住。事实上我们听到的信息和看到的信息是一样的，最终信息都会被输入到大脑当中，由大脑进行记忆。这说明听到的信息最终没有形成记忆并不是耳朵的问题，而是大脑的问题。正如大脑在看而不是眼睛在看一样，也是大脑在听而不是耳朵在听。所有的声音都到达了耳朵，只不过有一些最终没有在大脑中登记，所以才没有形成记忆。

听觉信息最后能否成为记忆力，起重要作用的仍然是人们的兴趣和注意力。

事实上，如果我们能表现出高度的兴趣和注意力，哪怕是最微弱的声音，我们的大脑也会听到。当然，如果是我们不感兴趣和没有注意到的东西，再大的声音大脑也不会听到。比如，很多人每天都定闹钟，闹钟响人能够听见，但是一些其他的声音，比如汽车噪音等就不一定能够听见，这就是注意力的问题，闹钟以外的其他声音并不能够引起人们大脑的关注。

很多人不能记住所听到的内容，根本原因就在于没有注意去听。比如说老师讲的一些知识，有些我们能记住，因为这些是我们感兴趣的，或者是我们集中注意力听的；有些则不能记住，是因为我们当时根本就没注意听，或者根本不感兴趣，相信这样的事情大多数人都遇到过。

我们训练耳朵，主要的目的是为了让听觉信息成为记忆力。但是科学研究证明，很多听觉信息不能成为记忆力是因为我们的大脑听觉感官缺乏训练。因此，为了获得更好的听觉，为了能对听到的声音进行记忆，就必须对大脑中的听觉感官进行练习、训练和培养。

训练耳朵的方法其实也很简单，和训练眼睛一样，在听任何信息的时候都要集中自己的注意力，或者是让自己对听到的信息产生兴趣，长期坚持，循序渐进，最终一定能提高大脑中的听觉感官能力。

4. 训练嗅觉和味觉的能力

我们的嗅觉非常弱，甚至越来越弱。动物的嗅觉主要用来寻找食物，但是人的嗅觉几乎完全失去了这个作用。人之所以还有嗅觉，这是因为食物的气味引起各种分泌，加速肠胃的消化。另一方面，嗅觉，舒服的或不舒服的，使记忆具有联想的能力。

无论如何，在现代生活中，嗅觉发达的人实属罕见。人类从未能对各种气味进行令人满意的分类。芳香的物质散发出的粒子所产生的刺激引起动物短促的吸气，因此，狗可以嗅出要走的路。人的嗅觉不能定位，而且与机体外部的任何一点没有联系。总之，要想确定气味的源点，我们得借助其他器官。

众所周知，最基本的味觉有甜、酸、苦、咸四种。在食物中，尤其在食物的选择上，味觉起一定的作用。

对味觉和嗅觉的记忆机理与我们前面介绍的其他感官的记忆机理相同。积累我们的感官资本总是有益的，这使我们接近外界，并且使我们从不同的侧面来认识它的这种训练。因为它极大地丰富了我们的头脑，并给予我们更加丰富、更加引人注目的资本。

下面我们介绍一种感官训练的方法：请合上眼，尽力辨别由第三者提供的各种气味和滋味。我们将看到这种练习做起来不容易，开始肯定有很大的误差。

5. 训练视觉的能力

视觉记忆的重点在于对眼睛的使用上，视觉信息最终能否被大脑记忆和回忆，主要还在于视觉信息能否清晰明确地烙印在潜意识中。视觉信息的来源是人们用眼睛看见的东西，因此，人们想要让视觉信息最终形成深刻的记忆，就必须努力训练自己的眼睛，让眼睛看到的东西更清晰、明确，能在脑海中留下更深刻的印象。

平时人们说的训练眼睛，主要是为了防止眼睛的疲劳而导致的视力下降或者是视力出现疾病，主要就是用科学的方法去看东西。但是，这里所说的训练眼睛是为了让眼睛看到的信息能够给人留下更深刻的印象，重点其实并不是在人们的眼睛上，而是在于人们的注意力上。人们平时看到并且能记忆下来的东西，大多数都是人们看得次数非常多或者是我们非常感兴趣，也就是人们投入的注意力更多的东西。因此大脑能否唤醒和回忆储存在记忆中的视觉印象，主要在于人们在用眼睛看东西的时候是否投入了足够的注意力。

一位叫乌丹的法国魔术师通过一个简单的办法培养了自己的视觉记忆能力，大大提高了自己的视觉感知能力和记忆的能力：他先是观察了巴黎商店橱窗中的物品数量，并且在快速走过时看一眼，随后记住它们。在这个过程中，他只是用眼睛看，而并没有用笔记或者其他的辅助方法记忆。开始的时候，他只能记住几件物品，而随着时间的推移，他能记住的东西越来越多。也就是说在经过训练之后，他的视觉感知能力和记忆物品的能力都得到了提高。当然，乌丹在训练中有一个重要原则，他的所有注意力全部都集中在自己要观察的商品上。这说明人们在看物品的时候，只要把注意力和自己的意愿全都集中在自己要看的物品上，努力观察它们普通或者特殊的地方，就一定能在大脑中形成清晰的视觉记忆。

用集中注意力的方式来训练眼睛和视觉感知能力，在现实生活中并不少见。

印度就有一种这样的方法。在训练孩子的游戏中，人们会把一些小的物品拿给孩子看，要求孩子集中注意力观察这些小物品，随后把物品撤走，并要求孩子把自己见到的物品名称写下来。随着孩子看到的物品越来越多，孩子们看到并且记忆下来的物品也越来越多。这证明，集中注意力观察物品确实能提高人的视觉感知和记忆能力。

其实在很多国家很多地方都有这样的游戏：比如有一堆扑克牌按照一定的顺序排列，在人们观察一段时间之后，把这堆扑克牌的顺序打乱，要求人们按照原来的顺序重新排列扑克牌；再比如说，让人们到一个房间内，要求人们在短时间内记住房间内的物品以及摆放地点、颜色等。这些游戏考察的都是人的视觉记忆，长期训练也都能提高人的视觉记忆能力。

这种训练方式有一定的原则，人们会发现，可能在最开始训练的时候能记住的东西非常少，而随着时间的推移，能记住的东西会越来越多。也就是说，这是一个循序渐进的过程，必须要长期、持久训练才能够达到提高记忆力的目的。

全身放松，有利于记忆

有个人有着惊人的记忆力，曾成为科学家多年的研究对象。在谈到放松问题时，他说：“我越是努力进行记忆，就越需要放松，而不像人们通常理解的那样，需要全神贯注。首先，集中精力是必需的，一旦进入状态，就让全身放松，自然就记得格外清晰和牢固。可惜的是，很多人常常会犯这样的错误，总在提醒自己把该记住的事情记住，这种提醒无疑增加了心理负担，全身的肌肉也随之紧张起来，这对记忆没有任何好处。所以，需要记忆时一定要全身放松，让自己的身体达到一个最佳的记忆状态。”

那么，我们要想提高记忆力，达到过目不忘的状态，该怎样做呢？

一、肌肉逐渐松弛

要在屋子里或关在一个房间里做这项练习。当人们要放松时，独自一人处于一个安静的场所是非常重要的。在练习中，要避免受干扰或被打断。松弛练习的目的，在于通过局部肌肉的逐渐放松达到全身肌肉的放松。当肌肉的紧张消失后，人们会感到从内心的紧张中解脱出来。肌肉放松，是达到全身心放松的最容易的方法。所以，在进行体育活动或锻炼身体之后，人们会感到轻松。

（1）要坐得很舒适，不要跷二郎腿，双脚着地。解开绷得过紧的衣服，让双腿松弛。

（2）竖起双脚和脚趾，绷紧双脚和脚趾的肌肉。保持这种姿势 10 秒钟后，放松绷紧的两脚和脚趾。所谓在保持一种姿势后的放松，即一下子让绷紧的肌肉松弛下来。这是一种相当突然的动作，相当于紧张的缓和。这里的基本点是，在把肌肉拉紧之后至完全放松时，要体味血液在肌肉中涌流造成的热感。要享受这种感觉，并在正常呼吸10秒钟后，再次绷紧双腿和脚趾的肌肉。

（3）让脚跟着地，脚趾尽量向内曲，拉紧双脚和双腿的肌肉。保持这种姿势10秒钟，然后松弛10秒钟。在这两个动作中，应当感到肌肉变紧和变暖，仔细体会这种由紧张变松弛的快感。

（4）将两腿抬平，与地面成平行线，将脚趾前伸，并使整个臀部肌肉拉紧。保持这种姿势10秒钟，然后放松，并一下子让双腿落地。至此，应当感到双脚、双腿和臀部是暖和的，心里涌入一种舒服的感觉。

（5）将两腿抬平，与地面成平行线，将脚趾曲向自身。将双腿和脚趾绷紧10秒钟，然后放松。这组动作锻炼下半身肌肉，下一阶段再补充练习上半身肌肉。

（6）将双臂平举，与地面成平行线。握拳，用力绷紧整只手臂。坚持这种姿势10秒钟，然后放松。将双手张开，10指蹼张，重复进行张弛练习10秒钟，然后放松。

（7）绷紧双唇，作O形，向前伸，圆睁双眼，做漫画式的吃惊表情，宛如表演哑剧。这时要避免皱眉。保持这种姿势10秒钟，然后放松。面部和颈部肌肉会因此产生快感。在大街上，开车等红灯时，亦可做这种练习。

（8）尽量用力微笑，把笑容保持10秒钟，然后放松。

二、通过想象实现肌肉松弛

这种练习是一种瑜伽技术，其目的在于，一旦人们实现了肌肉松弛之时，进一步使身心同时达到松弛状态。在“肌肉逐渐松弛”之后，选择这一练习非常适宜。此外，这可使人们检查自己所达到的松弛水平。

（1）仰面平躺在舒适的地毯、绒毯或床上，或者沙发、长靠背椅上。

（2）闭上双目，想象一个安宁、寂静的场景，比如海滨或海滩，耳边传来微波激荡的潮水声，或者设想躺在一艘橡皮艇上，橡皮艇在寂静的海湾里漂荡，亦可设想昏昏沉沉地半睡在一只小船上，小船在平静的湖面上轻轻荡漾，还可设想正在沙滩上晒日光浴。选择其中的一个设想，并使之明显清晰地展现在脑海里。

（3）接着，有意识地使全身每个部位的肌肉从脚底到头顶，都松弛下来。逐渐察觉残存不退的紧张部位，再通过练习使其消失，在整个松弛过程中，要在心里按照常规节奏发出单调的声音，指挥自身的每个部位有秩序地放松：

放松双足、放松脚趾、放松双腿、放松膝盖、放松臀部、放松胃部、放松胸部、放松手臂、放松双手、放松手指、放松颈部、放松面部、放松颌部、放松口部、放松双眼、放松眼皮、放松眼眉、放松腮部、放松全身。

要彻底放松，不留一丝紧张痕迹。倾听自己的呼吸，它们应当是微弱而有规则的。此时此刻，人们身心和谐，生活在舒适安逸之中。必须细细品味这完全松弛的美妙时刻。

必须指出，每当人们感到紧张而心神不宁的时候，无论在何时何地，均可做此练习。人们学会通过形象和设想，能够摆脱紧张引起的不适之感，该是多么惬意啊！有些人心存紧张而不自觉，他们面带不快，紧锁眉头，双目呆滞。这种松弛技术可帮助他们发现应激源，并摆脱紧张心态。

三、深呼吸与想象中的波浪

当人们全神贯注于自己的呼吸时，能够实现完美的松弛状态。也就是说，一面深呼吸，一面把思想集中在鼻孔中进进出出的气息上，并使呼吸保持缓慢而又正常的节奏。

（1）要坐得很舒适，不使肌肉受到压力。不要交叉双臂，不要跷二郎腿，不要握住双手，要让每个肢体都放松和得到休息。

（2）用鼻孔深深地和缓缓地吸气，直至把呼吸声想象为波浪的潮汐运动，像闻波浪之声，如感波浪之气，似嗅波浪之味。一幅波浪冲刷海滩的幽静画面，在练习的全过程中，始终清晰地显现在脑海里，令人恋恋难舍。

必须指出，其他的身体松弛练习还很多，但这一技术，由于气息的徐徐循环，容易达到内心平静的节奏。所以，为实现全身心松弛，人们在做呼吸练习时，必须闭嘴。关于此点，一位瑜伽大师说得好："嘴生来为了亲吻和吃饭。"看起来这有点武断，但必须记住，瑜伽信徒既不进行跑步锻炼，亦不做增氧健身锻炼。可以肯定，当人们身体处于运动中时，他们要付出很大体力。因此，用嘴呼吸是必要的，但人们在休息和放松时，则不用嘴呼吸。如果有人伤风感冒，鼻孔阻塞，可推迟做这种练习。

此外，要尽可能经常做呼吸练习，特别是在感觉紧张、疲劳、有压力和不顺心时，当然，当想不起某件事时，更应如此。要把注意力集中在呼吸气息缓慢的节奏上。一点也不必把超量的气吸入肺中，更不必用力把肺里的气排净。要顺其自然，悠然自得地进行练习。这是一种公认的最有效的技术，对于及时消除紧张心理和集中精力，特别有效。

四、深呼吸与想象中的气球

这一练习是“深呼吸和想象中的波浪”练习的变种，具有异曲同工之妙。脑海中的形象换了，人们要改变内心中的情趣，把波浪冲刷海滩的温柔节奏感，换成在太空中的徐徐飘逸感，同时把吸入肺中的气体多保留一会儿。

（1）肌肉松弛，坐得很舒适。

（2）闭上双目，以便更加聚精会神。

（3）用鼻孔深深地吸气，同时心里数数，从 1 数到 4。

（4）暂停呼吸，从 1 数到 4，既不要用力，也不要挤压腹肌。不要阻碍呼吸，因为这样会造成紧张。由于暂停呼吸通常会造成紧张，可在心里说：“我在飞，慢慢地飞，自由自在地翱翔。”这些心语将帮助人们顿感轻飘飘的，产生一种悬浮感。如果这样做了，仍然感到暂停呼吸的压力，那么，就跳过这一阶段的练习，直接进入下阶段。

（5）用鼻孔缓缓呼气，同时心中数数，从 1 数到 8。

（6）再深深吸气，以进入呼吸练习的新的松弛阶段。

必须指出，这种练习有助于人们把肺部想象成一个气球。这气球充满了气体，悠悠然飘行在空中，然后，球内的气体逐渐泄出，直到其完全排完。要富于想象，设想自己仍在童年时代，选了一个彩色鲜艳的美丽气球。

要待到呼吸恢复正常之后，再开始下一次呼吸练习。尤其要避免急躁。应当以缓慢而和谐的节奏进行呼吸，非常缓慢地吸气，然后静静地飘浮，最后徐徐地把气体呼出。

每天要做 3 次深呼吸练习，每次练习呼吸 5 次。在从事劳神的工作之前，要做一次深呼吸练习。无论在何时何地，均可做通过深呼吸达到松弛的练习。每当人们感觉紧张时，做一做有节奏的深呼吸，便可立即感到轻松。在做练习时，不要急匆匆，不要用力，不要做超量气体呼吸。也就是说，不要做快速的、不均匀的呼吸，因为这会造成气喘吁吁。如果出现超量呼吸现象，可停止这种练习，换上“深呼吸与想象中的波浪”练习。

可把这些练习视为心理卫生练习。要在每天的早晨和晚上，经常做“肌肉松弛”练习。此外，每当感到紧张和激动时，也要做此练习。还要养成习惯，即每当进行长时间消耗的工作之前，做一次练习。这使人松弛，排除过分的紧张心理，因为这种心理不利于更好地集中精力。这样，人们就能够具有较强的注意力，继而增强记忆力。

第三章
敏锐的观察，是过目不忘的重要保障

观察是人们认识世界的门户。正确地反映世界、认识世界是人类的心理活动向客观事物的深入了解过程，而实现这一过程的有效方法就是观察。观察是任何感觉、知觉、表象构成认识过程的第一个阶段，可见观察对于提高记忆力，达到过目不忘的境界是多么的重要。

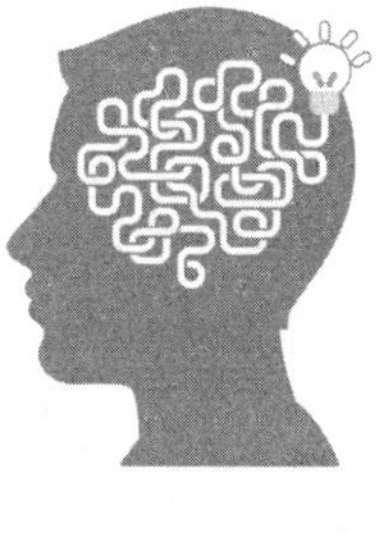

观察的定义

对于观察，许多心理学家都谈论到并下过一些定义，其说不一，各有所长。不仅心理学家对观察下过定义，许多哲学家、社会学家等不同学科的名人也曾对观察下过定义。

有的认为观察是在事物的自然条件下为一定任务进行的有计划的知觉过程。但不限于知觉，常同积极的思维相结合。

有的认为观察是注意力更确切的形式，要从不同的方面和用不同感官来察看事物，如看、触、摸、尝、听等。

有的认为观察是有一定目的、有组织、主动的知觉。全面、正确、深入地观察事物的能力称为观察力。有的认为观察是通过眼睛看、耳朵听、鼻子闻、嘴巴尝、手摸等有目的地认识周围事物的心理过程。

有的认为观察是把印象储存在脑子里、记忆起来的重要方法。

……

对于上述各种说法，不敢妄加评论，但是为了帮助读者学习，有一点必须予以说明。上述几个关于观察的定义，尽管文字不同，但有一点是一致的，那就是都能从心理学的广义角度出发进行必要的阐述，而不是就字面意义的狭义角度去论说。这一点是十分重要的，如不这样，其结果只能对观察产生片面性、单纯性的理解，对于观察的复杂现象也不能做出圆满的解释。

一、什么是观察

观察有两种定义：一种是狭义的，另一种是广义的。

狭义，就是从观察两字的字意角度来说的定义。“观”字，最早见于《论语 · 为政篇》，原话是：“视其所以，观其所为。”原意是看。“察”字，最早见于《易经 · 系辞上篇》，原话是：“仰以观于天文，俯以察于地理。”原意也是看。“观察”两字连用的早就有之，最早见于《周礼 · 地官篇》，原话是：“正其行，而强之道艺，巡问而观察之。”原意是审视（仔细看）。不论是“观”、“察”，还是“观察”，字面的意思就是用眼睛看，除此之外没有他解。

广义，就是从观察两字在心理学上的地位来讲的定义。心理学家认为，人的任何活动中都有心理现象。人在处理事物的时候，用眼睛看，用耳朵听，用鼻子闻，用手摸，这就产生感觉和知觉。我们对于客观世界的认识是从感觉和知觉开始的，这种感觉和知觉一旦在人的脑中留下印象，就产生了记忆。因此说感知觉是人类心理活动的一个环节，是外界客观事物作用于人们的感觉器官（眼、耳、鼻、口、手等）的产物。人们常常把这种外界事物作用于人体内感觉器官的过程称之为观察。应该说明的是，这里的观察就不限于用眼睛看了，而是各种感觉器官协同作战，各自发挥其长处。

观察无论广义还是狭义，均服务于记忆，是记忆的一个窗口，为记忆提供了基本条件。

观察与观察力基本上是一致的。观察力是指具有观察的能力。“力”字，当能力、效力讲。王充在《论衡·效力篇》中曾这样写道：“故夫垦殖草谷，农夫之力也；勇猛攻战，士卒之力也；构架所削，工匠之力也；治书定簿，佐史之力也；论道议政，贤儒之力也。”这段话对于我们理解观察力来说，是比较恰当的，我们也可以说观察力就是观察的能力、观察的效力。观察力是发现事物典型特征的能力，是一种稳定的个性特征。观察力强的人往往能够迅速地抓住事物的重要特征。尽管有时这些特征是不明显的、不易被觉察的。

二、观察的特点

人们都知道观察是一种心理活动。要真正了解观察不仅要弄懂观察的含义，换句话说也叫观察的定义，还要弄懂观察这一心理活动的主要特点。这一点对于初学者更为重要。观察的特点主要是：

1. 观察的目的性

观察是一种有目的、有计划的感知方法，这就要求在观察时要有明确的目的性。在观察前要明确观察的对象、观察的要求、观察的步骤和观察的方法。凡属于长期观察任务的，在有条件和情况允许的时候，最好要制订较详细的书面计划；凡属临时观察任务的，可以在头脑中列一个草案。没有目的的观察、没有计划的观察，不能称之为观察。例如：在看过一场电影后有几个精彩的镜头，在马路上两辆汽车相撞的惊险场面，在回家的路上看到的第一个卖西瓜的水果摊等，这些不是我们有意去知觉的，是无意中闯入我们的眼帘的。而有意知觉是由所提出的目的、任务决定的，为了达到一定的目的，有计划有选择地去知觉客观事物的过程。例如：为了研究燕子的生活规律，就必须反复研究燕子春天飞到北方，秋天飞到南方的候鸟习性，捕食昆虫，对农作物有益的益鸟特征，等等。这种有意知觉的目的是为了探索与了解客观事物的进程变化，并且独立地、有系统地去进行。这种高度发展的有意知觉的过程才能称为观察。

2. 观察的系统性

观察的系统性是保证观察成功的重要条件。对一个事物的多方面的观察是按照一定的目的和一定的系统进行的，这样的观察才能保证不会遗漏要获得的材料。有系统地进行观察，主要有这样几种情况：①按照事物出现的时间去观察；②按照事物所处的空间去观察；③按照事物的内部结构去观察；④按照事物的外部特征去观察。在观察中到底采取哪种方式，要根据观察对象的具体情况而定，不仅对于长期观察的对象要做到有系统性，对于临时观察的对象也要做到这一点。传说2000多年前，有一个学生仰慕亚里士多德的大名，不远万里来向这位古希腊的大哲学家求教，亚里士多德问明其来意后，想了想，给他一条鱼，叫他观察有什么特征。这个学生认为这很容易，简单地看了一看，并没有发现什么。后来，在亚里士多德的指导下，他第二次有顺序、有系统地认真进行观察，终于发现这条鱼没有眼皮。事实说明，不论大事，还是小事，在观察中只有系统地进行，才能认识事物各个部分之间的关系，不至于遗漏某些重要的特征。

3. 观察的思维性

观察是知觉过程，但不限于知觉，而又往往包含着积极的思维。在观察过程中，为了要认识事物的特点和意义，就必须利用感知的材料和已有的知识进行分析、思考，通过事物表面现象，深入理解事物的本质，掌握事物的规律。例如：为了搞好婴幼儿的教育，首先就必须了解婴幼儿的心理发展特征，这样就可以选择特定的婴儿，每日在固定时间内详细观察他的活动，记录他的身体状况、饮食状况、发声情况、习惯动作，以及当时的客观情况，等等。这样观察到一定时间，经过一年至几年，观察记录材料积累到一定数量，就可以进行分析，找出婴幼儿发展的规律，然后有针对性地进行教育，使他们更加早熟。从这个事例中我们可以看到，思维在观察活动中主要是体现在比较和分类、分析和综合方面。通过比较和分类找到事物之间的异与同，及时掌握被观察对象的个性，从而提高对观察对象的正确认识。

4. 观察的协调性

观察是各种感觉器官综合性的集体工作。在观察中，我们要充分利用各种感觉器官参与认识事物的活动。17 世纪捷克著名教育家夸美纽斯就曾经说过："应当在可能的范围以内尽量通过感官去进行，使它能以较少的劳力去记忆，比如听觉应该永远和视觉联合在一道，舌头应该和手臂一起训练。"

我国古代的学者也曾提出在学习中要做到眼到、耳到、口到、手到和心到的方法，其用意也是通过各种感觉器官的协调作用，来提高观察的效果。我们应当提出，视觉在观察中占有十分重要的地位，但它不是唯一的感觉器官。我们在观察事物的过程中，不能只靠哪一种感觉器官，而要调动各种感觉器官一起进行观察。例如：我们在观察苹果时，通过眼睛看，会产生红、黄、绿的颜色感觉；通过舌头品尝，会产生酸、甜的味觉；通过手接触表面，会产生微凉、质硬、平滑的感觉。综合各种器官的反映，我们会得出关于苹果的颜色、香气、滋味、质地、硬度和温变等各种印象，构成了认识中的苹果的整体形象，并将这种形象记忆储存在大脑仓库里。通过这种多种感觉器官观察的结果，不仅可以获得许多事物方面的感性知识，而且印象深刻、扎实。

观察对记忆的重要作用

提到增强记忆力，达到过目不忘的境界，许多人都认为是一件困难的事情。其实也并不如想象中的那么困难，只要掌握了观察的方法，勇于实践，持之以恒，自然会有收效。

世界各国的心理学家们，为了摸索增强记忆力的方法，曾经做过多种多样的实验，获得了许多的宝贵经验。美国哥伦比亚大学教授胡德华斯，是一位权威心理学家。他做过一个著名的实验：选出一群有同等记忆力的人，将他们分成两队，一队完全没有给他们以记忆术的训练；另一队则曾经接受过他教导的以心理学为基础的记忆法则。接受过指导记忆法则的一队表现出优良的成绩。胡德华斯这一实验，证明了两点：一是正确的记忆术可以增强人们的记忆力；二是正确的记忆术，不是一般的所谓记忆术那么简单，而是指要有以心理学为基础的记忆术。

一般说来，心理学是研究心理现象的科学。人的任何活动都有心理现象，而这种现象就其产生的方式来说，是客观事物作用于人脑的反射活动。根据胡德华斯教授的著名实验，如果说增强记忆能力，必须以心理学的法则为基础的话，那么，首先就必须坚持心理学现象是客观现实的反映这一基础原则。因为，记忆活动同一切社会实践一样，是客观世界无数的事物作用于人的感觉器官，以感觉、表象、思想、情感、愿望等种种形式反映在人脑中。这充分说明：没有客观事物的反映，就没有记忆；而实现这种反映的唯一方法就是观察。显而易见，观察对于记忆是多么重要。

因此可以说，要增强记忆，最重要的方法就是要学会观察。谁掌握了这一方法，谁就会迅速地提高记忆力，谁早一天运用了这一方法，谁就早一天提高了记忆力。观察是打开记忆秘门的第一把金钥匙，只要我们正确地运用观察，就会迅速提高记忆力。

那么，观察对于记忆都有哪些重要作用呢？

一、决定性作用

没有观察，就没有记忆。观察是记忆的前提，记忆是观察的结果。

1. 观察是记忆的第一个环节

如果我们从心理学的角度研究一下记忆的过程，对于观察决定记忆的作用就更坚定不移了。简单地说，记忆的过程有三个阶段：第一阶段，是通过感觉器官在头脑里留下信息的印迹阶段，叫作“认识”；第二阶段，是保留刻入头脑里的印迹阶段，叫“保持”；第三阶段，是必要时把需要的信息提取出来的阶段，叫作“回忆”。只有完成了这三个阶段才可以称为完整的记忆。

这三个阶段是互相补充的，逐步加深的，各自都有特殊的作用。但是，必须看到，第一阶段是前提和基础，如果没有感觉器官对外界事物的观察，就谈不上“保持”和“回忆”。这种情况如同拍摄照片一样，如果首先不进行曝光取景，无论冲洗工作如何认真仔细，底片上也是一无所有。

2. 没有观察就没有记忆

日本一桥大学社会心理学家南博教授在观察对于记忆起决定作用方面，有一段精彩的比喻。南博教授在《记忆的秘诀》一书中写道：“我们脑海中所存在的记忆，好像银行里的存款一般，假如银行里没有款项存着，无论怎样地努力，也不可能有现金提取出来。这就等于我们所经过的事物，不把它储存在记忆中，即如要向银行提出现金而没有存款一样的道理。”南博教授进一步写道：“因此，我们要把经过的事物，像向银行存款似的储存起来，以备应用时提取。这样的储存，一般叫‘铭记’。由自己想记忆它的意志作用而记忆的，则叫作‘自发的铭记’。至于并没有想记忆它，但是因为印象强烈而记忆起来的，叫作‘被动的铭记’。”南博教授最后写道：“铭记也就是印象，要把印象储存在脑子里记忆起来，就必须要有深刻的观察，因为一切事物，经过深刻地观察后，才可能使印象深刻化。”

从南博教授的这段比喻，我们可以理解，观察是储存记忆的最好方法，也可以说观察是记忆的基础。没有观察就没有记忆。

例如：关于人的外形基本特征，甚至连儿童都能说得出来，因为他们自觉不自觉地观察过多次。不论老年和少年，还是男人和女人，不论是中国人，还是外国人，都长着一个头、两只胳膊和两条腿，这是总的外形特征。但是，如果问到“外星人”外形的基本特征是什么样，恐怕连研究人体结构的科学家也说不出来到底是什么样子，因为他们从来没有见到过“外星人”，没有这种观察实践，所以头脑中也就自然没有“外星人”的外形基本特征的记忆。

二、加速性作用

通过观察不仅能够记忆客观事物的基本特征，而且还能达到加速记忆的速度作用，观察是记忆的加速剂。

1. 有明确的观察目的能提高记忆的速度

凡是有明确记忆目的，比没有明确记忆目的的效果要大得多。观察一般都具有明确的目的性，所以经过观察的记忆效果是好的，能提高记忆的速度。例如，我国清代的史学家、思想家章学诚原来是一个天资很低、记忆力极差的人。据说他少年时一天最多只能诵读 300 字以内的书，而且常常是记了这些忘了那些。他年轻时虽然多次应试赴考，但每次都名落孙山，直到 40 岁时才考上举人，41 岁时中了进士。后来，他弃官不做，专攻史学。他针对自己记忆力差的特点，一反一般人治史由博而专的方法，选择了由专而博的治学方法。他认为这种方法是“学问之始，未能记诵，博涉及深，将超记诵”，最能有效地克服记忆力不强的缺点，提高了记忆的速度，增加了知识在头脑中的储备量。由于他坚持学一点巩固一点，孜孜不倦，持之以恒，终于在史学研究上取得了丰硕的成果，他写的《文史通义》在我国史学上占有显著的地位。

从古人的治学实践中，可以看出，不是记忆力好不好，而是在提高记忆力上下的功夫不够。如果人们都能像章学诚那样，树立明确的记忆目的，并能从自己的实际情况出发，依据心理学的某些法则办事，那么就会在短时期内加速提高记忆力的步伐，也能干出一番惊天动地的事业来。

2. 有浓厚兴趣的观察能提高记忆的速度

观察之所以能够加速记忆的速度，除了要树立明确的目的外，还要求观察者对于所观察的事物要有浓厚的感情，有极大的兴趣。如果是我们不感兴趣的事物，即使观察了很多次，也还是说不准，如果是我们感兴趣的事物，哪怕观察一次也能够记得住。例如，法国著名的昆虫学家法布尔一生写了200多篇趣味横生的昆虫故事，在他著的《昆虫记》一书中，展现出一个千姿百态、五光十色、奥秘无穷的昆虫世界。法布尔能够记忆着这么多的昆虫，不是他有什么天生的好脑袋，这完全是他观察的结果，而且是简直像中了邪一样的观察结果。

在《昆虫记》中，专门写有蚂蚁的故事。法布尔观察蚂蚁不知花了多少精力。有一回，他看到蚂蚁在抢搬苍蝇，便手握着放大镜，蹲在地上目不转睛地观看这场蚂蚁王国争夺食物的“大会战”。三四个小时不知不觉地过去了，他仍然一动不动地蹲在那里，仔细观察，甚至蚂蚁搬东西时每条腿怎样动作，他都观察得一清二楚。就在法布尔观察蚂蚁时，好多人围拢来，好奇地瞅着这位奇怪的人，要弄清楚他究竟在干什么。人越来越多，站在最前面的人，用心观看了好久，也没有看出名堂来，于是退了出来，并且边走边训斥围观的人们：“这是个傻瓜，有什么好看的！”其实，法布尔正在干着聪明人应该干的事儿。

正是这种着了“魔”的观察，使法布尔的《昆虫记》取得了惊人的效果，1879 年一经问世，便轰动了世界，社会上的青少年也有点像中了“邪”一样，争先恐后地抢着阅读这部奇特的作品。

三、可靠性作用

凡是经过观察后的记忆，一般都是比较正确的，有很强的可靠性。

1. 具体观察对记忆有可靠保证

观察都是从具体事物入手，一般说来，直观形象比用语言概括的抽象形象更真实，记忆起来也就比较正确可靠。例如，儿童在初学画画时，最好要他们先观察一下所要画的对象，画金鱼的要观察金鱼，画猴子的要观察猴子。我国有一个儿童画家为了画好猴子，在家里养了一只小猴子，每天都进行观察，他画的小猴子，形象逼真，顽皮可爱，曾获得国际儿童奖。这主要是他长期具体地观察，掌握了猴子真实形象的结果。如果不是让他观察具体的猴子，而是用语言告诉他猴子是什么样子，然后让他按说的去画，很可能会把猴子画成人的形象，甚至于画成“四不像”。由此可见，具体观察是记忆正确性的基础。

2. 对比观察对记忆有可靠保证

在观察中由于进行分析比较，这样就能从中发现哪些是正确的，哪些是错误的，就能及时纠正以往的错误记忆。例如：李时珍在编写《本草纲目》时，曾认真研究穿山甲的习性。前人陶弘景在医书中曾指出：穿山甲能水陆两栖，白天到岸上装死，张开鳞片引诱蚂蚁爬进去，然后闭鳞入水，再张开鳞片使蚂蚁浮出，进行吞食。李时珍为了证实这种说法，曾亲自解剖一只穿山甲，从胃里发现一升左右的蚂蚁。证明陶氏说穿山甲食蚁是正确的。李时珍又经过反复观察，发现穿山甲食蚁时，是扒开蚁穴进行舔食，从而又纠正了陶氏的错误说法。这个事例说明，观察是纠正以往错误记忆的一种最好方法。

3. 系统观察对记忆有可靠保证

观察过程中由于必须遵循的系统性原则，可以对事物进行全面的观察，避免片面性。例如：瞎子摸象的故事是人所共知的，为什么有的人把象说成是一面墙、是一个柱子、是一条绳子呢？其问题就在于他们观察得不全面、不系统，只是各自观察了一个部位。如果他们能够对大象进行一番系统的、全面的观察，自然就会得出正确的结论来。正因为在观察中坚持了系统性、全面性，所以观察对于记忆的可靠性作用就更增加了几分。

四、牢固性作用

观察对于记忆还有牢固性作用。凡是经过仔细观察过的事物，在头脑中就会留下深刻的印象，甚至终生不忘。

1. 首次观察的事物，记忆比较牢固

人们对事物的认识，由于受个人原有经验的影响，总是不可避免地带有主观色彩。因此，首次感知显得十分重要。首次感知

是首次观察得来的，所以，首次观察对于记忆的作用有着重要的意义。首次观察的程度，常常可以决定记忆的程度。19 世纪德国著名心理学家哈尔门·艾宾浩斯在《论记忆》一书中写道："记忆力的保持和复现在很大程度上依赖于在有关的心理活动第一次出现时注意和兴趣的强度。"在现实生活中，凡是第一次十分感兴趣的观察，往往终身不忘。奥地利物理学家马赫，晚年在自传中回忆起他 5 岁时，一次在保姆的陪同下外出，看到隆隆作响的风车，从此，风车轴的齿轮装置带动磨石的齿轮装置这个印象，一直深刻地印在他的脑海里，影响到他后来的科学研究工作。

2. 凡是在观察中经过深思熟虑的事物，记忆比较牢

在观察中还有这种情况，当我们对于观察的事物不理解时，就会忘掉它，当我们对于观察的事物理解以后，就会长期地记住它，哪怕遇到什么干扰，遇到什么样的打击，也会长记不忘。例如，我国明代末期史学家谈迁，用了 27 个年头，写成历史巨著《国榷》，不幸被人偷走了，他悲痛万分。后来他凭借着自己过去观察中经过深思熟虑而留下的深刻记忆，又动手一页页地重新写起来，10 年之后，《国榷》终于再见天日。

3. 长期观察的事物，记忆比较牢固

在现实生活中，由于人们的实际生活环境不同，记忆的类型也自然不同。例如音乐工作者经常接触乐音，他们对乐音的辨别记忆比一般人好；经常利用比色剂的化学分析工作者，他们对颜色色调、浓度的辨别记忆比一般人好；画家经常思考如何塑造形象，他们对于景色人物的记忆比一般人好；数学家经常思考如何概括数量关系，他们对于数据、公式的记忆比一般人好。这些事例进一步说明，人们的记忆是与人们的社会实践活动分不开的。人们对于某种事物经过长期观察，那么某种事物就会在人的头脑中留下牢固的记忆。例如，我国现代文学巨匠茅盾对于古典章回长篇小说《红楼梦》进行过长期研究，达到了能背诵的程度。起先，有人以为是溢美之词。一次，几个朋友在茅盾家里聚谈，恰好那个人也在场，他请茅盾背诵《红楼梦》，茅盾欣然答应。客人随便点了一回，茅盾果然滔滔不绝地背了一遍，真是名不虚传。唐代大文学家韩愈死后，后人在给他撰写的墓志铭中，称他“读书倍文，功力兼人”（“倍”——背诵，“兼人”——一人抵得上好多人）。

清代著名考据学家兼文学家沈涛也是背功过人。他的老师、当时的经史文学考据学最高权威之一——段玉裁，在给沈涛的书斋“十经斋”撰写的《十经斋记》中写道：“其倍诵《十三经》如瓶泻水。”十三经包括《诗》、《书》、《论语》等 13 部儒家经典，洋洋百万言，令人望而生畏。我国历史上许多著名学者的记忆力之所以达到令人咋舌的地步，都是他们一生刻苦学习，长期观察的结果。

无意观察与有意观察

从宏观的角度讲，观察可分为两种：一种是无意观察，一种是有意观察。就一般的人来说，一生中所进行的观察大多数是属于无意观察，少部分是有意观察。

一、无意观察

1. 什么是无意观察

无意观察，是事先没有预定的目的，也不需要做意志努力的观察。这种观察往往是在周围环境发生变化时产生的。它表现为在某种刺激物的直接影响下，人们不由自主地用感觉器官反映客观事物，并机械地观察它，试图认识它。例如：在电影院看电影时，突然有一个迟到的观众问我们是哪排哪号，我们不由自主地回答他，无意之中观察力被他吸引过去，电影有几个场面没能看到。这种事，谁也不能事前列为看电影中必须观察的内容，完全是偶然的、无意的。这种现象也就是无意的观察。

引起无意观察的原因很多，凡是新奇的，对人能引起浓厚兴趣、激发强烈情绪，因而使人高度集中注意的事物，都有可能自然而然地留在我们的记忆之中。概括起来说，主要有两种情况：

①客观刺激物本身引起的。客观世界千姿百态，无所不包，无所不有，有许多事物能引起人们的无意之中的观察。有的是刺激物的强度，如一道闪电、一声霹雷，能引起人们的观察；有的是刺激物的背景，如绿叶中的红花、羊群中的猎狗，能引起人们的观察；有的是刺激物的变化，如大街上一亮一熄的霓虹灯，就比普通的灯泡更容易引起人们的观察。

②人的身体内的状态引起的。引起人们的无意观察，除了外界事物刺激作用外，还有人的身体内的某种状态的原因。有的是人对事物的需要、兴趣和态度，如一个足球迷，突然看到一张足球赛的海报，能引起他的观察；有的是人的心境和情绪状态引起

的，如一个人当他烦恼的时候，见到什么都无意中观察一番，都感觉到是对他来的，也就是平时人们常说的“见到什么烦什么”；有的是人体的机能状态，一个人在一天工作刚要结束之前，身体的疲劳程度大大增加，很难集中精力观察，很容易出现工作事故，反映在司机一类人员身上尤其明显。

2. 无意观察的作用

无意观察是在不由自主的情况下自然发生的，因此，它有消极的一面，也有积极的一面。只要我们掌握无意观察的规律，化消极因素为积极因素，就能利用无意观察来提高记忆能力。许多有经验的教师都善于引导学生通过无意识的观察积累知识、记忆知识，特别是儿童接受教育的许多内容是通过无意观察获得的。正如苏联近代心理学家列·符·赞科夫认为的那样：有许多东西不需要“有意识地”去记忆，可以“自然而然地”记住。

这方面的事例，我们生活中常常会遇到。例如：儿童对于一些优美的童话、故事、诗歌能够终身不忘，就是一个明显的例子。所以在小学教材中，常常把一些难学难懂的材料，编成文艺作品的形式，也就是这个道理，让儿童在无意的观察当中，牢记科学和文化知识。

无意观察也有提高记忆的作用。一般说来，要想牢固地记忆某一事物，必须要有记住它的意图，并经过一番努力才行。但也有另外的情况，例如：去参加一次丰富多彩的联欢会，遇到一些风趣的人和事。事先并没有做任何努力，但事后却有一些情景能够回忆起来，特别是那些引起强烈兴趣或激起强烈情感的情景，会给人留下十分深刻的印象，甚至经久不忘。

二、有意观察

1. 什么是有意观察

有意观察是一种自觉的、有目的的、必要时还需要经过一定意志努力的观察。有意观察是人们完成学业、工作以及各种社会实践的必备条件。例如，青年车工在开始学习车床操作时，对于操作过程还不熟悉，常常出现不合格的产品，后来他认真进行观察和操作练习，掌握了基本要领，废品率就自然下降了。

有意观察是人所特有的一种心理观察现象。人们的这种有意观察能力，是在劳动过程中发展起来的。如果没有这种能力，要实现持久而有组织的劳动是不可能的。有意观察往往服从于活动的任务。人们自觉地提出的任务，决定着在进行活动的时候，要区分出哪些对象和现象，以及它们的哪些方面、特点和性质。因此，善于有意观察才是任何成功者所共有的特征，世界上从来没有不下一番苦功观察，而唾手可得的成功。这里有一份勤奋观察的记录：

司马迁写《史记》观察了15年；

李时珍写《本草纲目》观察了27年；

曹雪芹写《红楼梦》观察了10年；

达尔文写《物种起源》观察了20年；

马克思写《资本论》观察了40年；

歌德写诗剧《浮士德》观察了60年。

这些名家大师为自己的成果，进行了多么艰苦卓绝的观察啊！由此可见，学会有意观察，是学业和事业成功的开始，这是已被无数事实证明了的经验。

引起有意观察的条件有很多，凡是体现了自觉的、有目的的条件，都可以引起有意的观察。主要有四种情况：

（1）为了达到一种目的，能引起有意观察

在现实生活中，常常有这种情况，我们要达到一种目的，总是有意观察一番。例如：我们要买一本关于心理学方面的书，必然会到新华书店对图书有意观察一番；我们要买一件儿童用的小手枪，必然会到儿童用品商店或百货公司对儿童用品有意观察一番；我们要买一株君子兰，必须要到花市对花卉有意观察一番。生活中是这样，在事业上也是这样。例如，一个飞行员在参加战斗时，为了消灭敌人，一飞上天就必须格外有意观察气候、敌情；一个考大学的考生，为了答出一个好成绩，总要反复有意地观察考卷。总之，这些事例都说明，有意观察离不开对活动目的和意义的深刻理解。

（2）浓厚的兴趣，能引起有意的观察

在观察的这一心理活动中，兴趣能起到一定的决定作用。在生活中，我们对深感兴趣的事物就会有意观察，对于不感兴趣的事物就会无意观察，即使强行观察，也容易忘记。例如，达尔文在《自传》中曾说："就我记得的我在学校时期的性格来说，其中对我后来发生影响，就是：我有强烈的多样的兴趣，沉溺于自我感兴趣的东西，深刻了解任何复杂的问题和事物。"正是这种强烈的趣味，才引起达尔文有意观察万事万物，终于写出《物种起源》这部长篇巨著。俄国杰出的园艺学家米丘林，从小就喜欢在园子里挖地、栽培、嫁接、摘果和选种。正是在这种趣味的支配下，他学会了有意观察植物，经过60年的不断研究，创造了300多个果树新产品。这些都说明，兴趣是引起有意观察的促进剂。

（3）紧迫、危机的时刻，能引起有意观察

在现实生活中，当人们处于紧要的关头，紧迫感和危机感往往促使人高度精神集中，有意识地观察周围发生的一切，密切注视着事态的每一个细微变化。例如：登山运动员在登山时，有时会一脚踩空，滑向悬崖峭壁的边缘，有时会突然发生意外事故，随时都可能有生命危险。在这种生死存亡的关头，登山运动员必然要格外注意观察周围的一切变化，以便及时采取积极措施。拳击运动员在被认为是在三分钟内决定人生命运的比赛中绝不可以东张西望，掉以轻心，而会全神贯注于对手的一举一动，拼命去奋战。中国女排的姑娘们在第二十三届奥运会的比赛中，精神常常处于高度紧张状态，每个人好像不是在打球，而是在拼命。在这种紧迫的关头，她们注意观察的程度达到了极点，因而能打出不少好球，最后终于登上了世界冠军的宝座。

（4）处于逆境中，能引起有意观察

当人们处于逆境中，如病残、贫困、失恋、政治上的打击和迫害，等等。这些遭遇自然会给人们带来痛苦，但生活中的强者，往往因此而在挣扎中振奋起来，变得更加坚强，更能引起有意观察自己的地位，观察自己的事业，从而创造出更辉煌的成绩。这就是人们常说的逆境出人才的道理。例如：被人们誉为音乐之圣的德国作曲家贝多芬，一生中屡遭磨难，尤其是耳聋对他的打击最为惨重。这打击曾使他痛苦地把自己关在房子里不愿与人见面。但是，不甘就此退出乐坛的强烈信念，使他重新振作起来，并且发出了“要扼住命运的咽喉”的坚强吼声。他经过反复观察，终于找到一种代替耳朵听的方法，他在创作时，咬住一根木棒的顶端，将另一端插在钢琴的共鸣箱内借以听音。终于又创作出了许多誉满全球的交响曲。

在人生的道路上，很多人不仅会碰到生活上的不幸，还会遇到事业上的逆境，是对成才者更加严峻、更加残酷的考验，更能引起人们的有意观察，创造出较高的成就。在我国古代，屈原屡遭诬陷，仍然写出了千古绝唱——《离骚》：孙膑虽受刖刑，仍然写了众口交誉的《兵法》；司马迁惨遭宫刑，仍然完成了流芳百世的《史记》。

2. 有意观察的作用

有意观察是一种有目的的自觉的心理活动，所以是人们提高记忆的最主要的形式。在我们周围的环境中，复杂而繁多的事物经常影响着我们的观察精力。只有当人们在每一瞬间并不去感知周围的一切事物，专心致志地研究某一项事物时，这项事物才能被人们所感知得比较清晰和比较完整。例如，我国的心理学家做过这样一个关于有意观察的实验：用十几张不同颜色而形状相近的图片给两个组的被试者去记忆，要求第一组记忆图形，第二组记忆颜色。结果，两个组的记忆情况不大相同。第一组记住图片形状的最多，记住图片颜色的最少；第二组记住图片颜色的最多，记住图片形状的很少。这个实验说明由于有意观察的目的不同，记忆的内容也不同。

我国的心理学家还做过这样一个关于观察的实验：让一个人

专心听故事，听完后再做数学习题；另一个人一边听故事，一边做数学习题，然后进行检查。结果，前一个人复述故事比较完整，数学习题做得也对；后一个人复述故事很不完整，有些数学习题也做错了。这个实验说明，我们虽然都在进行有意观察，但大脑同时进行两种以上活动，由于观察的注意力分散，会使每一种活动的质量和效果都要降低。俗话说“一心不可二用”，这也从另一个侧面，说明了有意观察的作用。

具有目的性的观察，可以促使大脑竭尽全力地工作，促使脑细胞积极活跃。一般说来，记忆的目的要求愈明确、愈具体，记忆的效果也就愈好。正因为有意观察有这样的规律，所以，有经验的教师在学习中，首先使学生明确每一章节的重要意义，以便唤起学生的记忆意图。例如：有的教师在讲“相似三角形”时，开头时说了几句导言：“同学们，你们学了这一节，不上树可以测得树高，不过河可以量出河宽。”这么一说，学生们的兴趣便会被教学目的所吸引，有利于记忆效果的提高。

因此说，记忆活动必须同有意观察相伴随。要想记住某一事物，必须对这个事物进行观察。如果对某一事物漫不经心，不去观察它，是绝对不可能有效地记忆的。

短期观察与长期观察

短期观察与长期观察，都属于有意观察的范围，是按照观察时间长短而区分的，人们在实践活动中所经历的事物虽然都作为经验在头脑中保留下来，但有的保留时间很短，只有几秒钟、几分钟或几个小时，有的则保留时间较长，可以数年、数十年，乃至终生不忘。产生这种区别的主要原因，就是由于观察的具体时间、具体目的、具体要求的不同而导致的。因此，认真学习和掌握短期观察和长期观察的方法，对于处理好短时记忆和长时记忆的关系是十分重要的。

一、短期观察

1. 什么是短期观察

短期观察，是指通过人体外部感觉器官对某种事物进行短时间的感知，使之在一定时期内记忆。例如，我们为了一时给某人打电话，从电话簿上查找或向电话局查询到电话号码，随即去拨号，打完电话，对那个号码一般就不再去观察了，也不需记忆了；教师在课堂上口述一道数学题，125 ×29 是多少，当演算完这道题以后，就不再进行有意观察，而将其忘却了；甚至有时候一位同事告诉我们一件事情的缘由，我们听的当时还能记忆，过一会儿却忘记了。在现实生活中，这种事例是不少的，都是短期观察的种种表现。

短期观察这种心理活动，是当人们的外部感觉器官将客观事物通过神经系统，作用于大脑中枢神经系统后，一部分观察神经细胞处于活跃状态，并在神经细胞之间进行联系活动，一旦完成了某种任务，没有观察的接收信号了，那些活动着的脑细胞群就从兴奋状态转为抑制状态，维持一段时间后就要消失了。随着短期观察所引起的短时期的神经联系活动的终结，短时期的记忆也就自然完结了。

2. 短期观察的意义

每一个人，尤其是处于学生时代的每一个人，都希望把学过的东西统统记忆在脑子里，因而他们不注意短期观察对于短期记忆的作用，而一味追求长期记忆。有的教师也认为短期观察所引起的记忆不明确、不巩固、印象容易消失，而过分地强调培养学生的长期观察能力。他们要求学生在考试前搞“题海战术”，多多益善，希望学生对所学过的知识都能牢记不忘。其实，上面所说的学生和教师的这种愿望是难以实现的。如果认真地想一想，一个人从小到老，把耳闻目睹事物的来踪去迹，巨细不分全部充塞在头脑中，他的头脑将会成为一种什么样的混乱状态呢？如果一个学生把所学过的东西，从语文到数学，从地理到历史，从物理到外语，不分主次都记住，那也是不可能的。人们只能有意识地记忆那些主要的或感兴趣的和有意义的事物。所以说短期观察引起的短期记忆是必要的。

人类比电子计算机优越之处也就在于具有这种“遗忘的能力”。在生活、学习和工作中，除了特别引人注目的事物之外，其余的事物会很快被遗忘的。像听见汽车在身后鸣笛就要躲开它，看见水坑就要绕开它走等一类事情，没有必要永远记在头脑里。反之，如果让这类繁杂的信息永远存留在头脑里，那实在是可笑。也就是说，短期观察所记忆的几秒钟之内就迅速忘掉应该是件好事，是人体内所具备的一种避免自觉记忆负担过重的保存信息的机制。苏联近代心理学家列・符・赞科夫提出这样的主张：有许多知识和技能并不需要当时就练得十分纯熟，要求连续重复“而一下子”记住的记忆方法是不科学的。

正因为人体内有这种调解记忆负担过重的机制，才能保证人们对某一种事物的研究精力集中，从而取得优异的成果。因此，短期观察的最大益处就在于，使记忆力避免负担过重，从而能够轻松自如地处理重要信息。

二、长期观察

1. 什么是长期观察

长期观察，是指通过人体外部感觉器官对某种事物进行长时间的感知，使之在较长时间内，甚至终生难忘。例如：自家门牌号及其住址，是绝不会忘记的，这是因为长期接触的原因；史载，汉末学者蔡邕的著作在兵荒马乱中散落遗失，他的女儿蔡文姬靠着记忆，复述了400多篇，这是因为长期背诵的结果；我国著名数学家华罗庚抗日战争期间在云南昆明西南联大教书时，因缺乏纸张，他不得不在黑板上演算、论证和推导，有时黑板上写不下了，只好擦掉前面的，接着把复杂的演算步骤一毫不差地进行下去，这是长期实践的结果。上面这些事例，都充分说明，不论是谁，只要他肯于对某一种事物进行长期地观察、感知，他就会对那种事物了如指掌，较长时间不会忘记。

长期观察，对于大脑中枢神经系统的刺激信号长时间地、反复出现，使得脑神经某些细胞群反复产生兴奋，这些神经细胞之间就建立了牢固的联系，就由暂时性信息贮存转化为长期性信息贮存，形成长时记忆。长时记忆是依靠脑内生化物质和解剖的微细结构方面的变化而完成的。痕迹一经形成一般不易消失，在一定的条件下能够恢复。美国的乔治·昂加尔博士做过这样的实验，他制作一只老鼠笼，其两侧都放有食物，一侧有灯光照明，另一侧昏暗无光。老鼠本来性喜昏暗，因此总是要到无光的那一侧去吃食。但是昂加尔博士制作的这只笼子里设有特殊装置，每当笼中的这只老鼠要到黑暗的一侧去吃食时，就会遭到电击。这只老鼠被电击过多次之后，在它的脑子里就有了一个记忆，即应该到光线明亮的那侧去吃食。尔后，昂加尔博士将这只有了“恐惧黑暗”记忆的老鼠解剖，从它的脑子里取出核糖核酸来。结果发现在核糖核酸里漂浮着像脑髓一样的物质。这物质就是那只老鼠“恐惧”记忆及其一生经历的累积物。受过训练的老鼠比它同类中任何一只没受过训练的老鼠脑子里的核糖核酸都多。而且更为有趣的是，把这只老鼠含有“恐惧黑暗”记忆的核糖核酸适量地注射到其他老鼠的脑中，结果，接受注射的老鼠也都惧怕黑暗，在笼中像中了魔一样，全都跑到光亮的那一侧去吃食。

这个实验证明，经过长期观察对某一种事物的观察和体会，会形成比较牢固的记忆，甚至会终身不忘。

2. 长期观察的意义

人们在生活、工作和学习中，由于长期地对某种事物进行观察，使得进入大脑的信息不断进行刺激，有许多知识就在人们的记忆中贮存起来了。日积月累，随着观察的时间推移，人们对这一种事物的记忆就越深刻，最终创造出光辉的成果。因此，从这个角度上说，没有长期观察，就不会有事业上的成功。世界上的成功者，也可以说是在长期观察之中成长起来的。

例如，被人们誉为“恒星天文学之父”的伟大天文学家威廉·

赫歇尔，原是德国人，后来流亡到英国，以演奏风琴为业，同时又是一个热情的天文学爱好者。1773 年，他从自己音乐工作的收入中节省出一部分钱来，自己磨制了一架天文望远镜，这样，他便开始了几年如一日的天文观测工作。几年过去了，在 1781 年 3 月 13 日，他终于发现了太阳系中的一颗行星天王星。后来，他又发现了天王星的两颗卫星和土星的两颗卫星，提出了第一个银河系模型，发现了太阳运动的现象及其速度。对于赫歇尔这个普普通通的人来说，之所以能够取得巨大的成绩，是他善于长期观察的结果。因此，长期观察是通向成功的一条大路。

直接观察与间接观察

人们认识客观事物的途径，主要有两条：一条是通过直接观察而获得；另一条是通过间接观察而获得。

一、直接观察

1. 什么是直接观察

直接观察，就是在人们观察事物时，通过自身的各种感觉器官，直接认识事物，然后得出正确结论的一种方法。

在现实生活中，人们都是以自身的感觉器官直接反映事物的。当外界各种事物的个别属性直接作用于人的感觉器官时，这些事物的个别属性便会在头脑中以感觉的形式得以反映。例如：

当看见苹果时，我们眼睛会产生红、黄、绿的颜色感觉，通过舌头品尝而产生甜的味觉，我们通过鼻子可以闻到苹果的香气，通过手接触苹果的表面，可以感觉到微凉、质硬、平滑的感觉。在综合这些属性的基础上，我们便可以构成了对“苹果”的整体的印象。认识苹果的这个过程，就是我们进行直接观察的过程。因此可见，一切真知都是从直接观察之中获得的，没有直接观察便不能认识一切事物。

能引起直接观察的原因，最主要的是对于观察的事物要有一种浓厚的热情。当人们认识客观世界时，对于现实生活中的事物或现象不是无动于衷的，而是常常抱有不同的态度。就观察某种事物来说，有的人有这种热情，有的人并无这种热情。只有对某种事物有热情的人，才能真正对某种事物进行直接观察。如果强迫一个人对自己不感兴趣的事物进行观察，其结果必然是半途而废。

热情是一种强有力、长久的、稳定而深厚的情绪状态。热情有巨大的持续性，往往经久不衰。热情是意志的行为，它是一种具有巨大推动力的情绪。热情控制人的整个身心，并且决定人全部思想行动的基本去向，它强有力地鼓舞人去从事某种活动。热情能够使人长久地、坚持不懈地完成艰巨任务。在历史上，凡是对事业、对工作有热情的人，都会取得巨大的成就。爱迪生举行婚礼后就去做实验；巴甫洛夫约未婚妻过生日，但他在夜里 12 点的钟声敲响时才走出实验室。可以说，古今中外人才成功的一个基本心理条件是热爱事业，爱之入迷。

没有这种热情，任何观察都不能进行下去，或者说进行不长；反过来有了这种热情，不管遇到什么困难能都能克服，直到取得胜利为止。

2. 直接观察的意义

直接观察是认识客观事物的基础。从人类心理的发展来看，直接观察中的感觉是心理过程的初级阶段，它为其他复杂的心理过程提供了丰富的感性材料，所以说感觉又是各种复杂心理的过程。没有这些复杂的心理过程，就不能认识事物，获得知识。因此说，人对客观事物的认识，是从直接观察获得感觉开始的，它是人们认识世界的开端。从这个意义讲，人类取得多方面的知识，感觉有着十分重要的意义。列宁说：“不通过感觉我们就不能知道物质的任何形式，也就不可能知道运动的任何形式。”这就告诉我们，离开了直接观察，没有感觉，不可能认识客观世界的一切事物，也不可能认识客观事物的一切发展变化和规律。无论何人要认识什么事物，除了同那个事物接触，即生活于、实践于那个事物的环境之中，进行切身的直接观察，是没有办法解决的。

直接观察是提高记忆力的最有效方法之一。人们在观察事物过程中，往往对于那些最有兴趣、印象强烈的事物经久不忘。而直接观察是获得首次强烈印象的最好机会。19 世纪德国著名心理学家艾宾浩斯在《论记忆》一书中写道：“在第一次生动鲜明的经验之后，被烫伤了的儿童就避火，挨了打的狗儿见了鞭子就逃。”在现实生活中，像这位心理学家所论述的事情实在是太多了。有的人对于第一次的强烈印象，哪怕只有一次，也会终生难忘。不言而喻，要达到通过首次强烈印象提高记忆的目的，就必须进行直接观察，因为只有直接观察，才能有首次强烈的印象，在这一点上是没有任何捷径可走的。

直接观察是发明创造的行之有效的方法。创造，是人的全部体力和努力都处在高度紧张状态下的一种活动。在创造过程中，人的心理活动达到最高水平。任何进行创造活动的个人，包括创造力最高的所谓“天才”，都有同样的心理活动规律。因此，任何人都有创造的天赋。问题在于要善于发现它们并且加以发展。由于每个人不同方面的创造才能在发展程度上和综合运用水平上有所不同，因此，综合创造只能因人而异。有的人在研究某种事物时，善于进行直接观察，从中发现新的东西，终于取得了成果，创造了奇迹；然而有的人，不善于直接观察，发现不了新的东西，让发现真理的机会从眼皮底下溜过去了，错过了创造奇迹的机会。例如：自亚里士多德以来的2000多年里，人们一直相信物体坠落的速度和它的重量成正比。因为亚里士多德在他的主要著作《物理学》中是这样告诉人们的。人人都看到，凋落的枯叶缓缓下降，而成熟的果子却像石头一样迅速坠地。人们也不止一次地看到另一种情况，两块从悬崖上落下的石头尽管大小悬殊，但是都同时落到深谷的底部。可是，人们并没有去理会它。然而，并不是所有的人都不注意，意大利的物理学家伽利略却独具慧眼，他对亚里士多德的力学发生了怀疑，才产生了做实验的念头。1590年春天的一个早晨，他站在意大利比萨市著名的斜塔上，把一个铁球和一颗铅质枪弹同时从塔顶向下抛去。实验结果没有使他感到意外，只是证实了他的设想，就是自由坠落物体的加速度同它的重量无关。

这个实验十分简单，不要求掌握精湛的技巧，也不需要使用专门的设备，只要从屋顶上抛下两个不同重量的重物就行了。显然，任何人都会做这个实验，却从来没有人这样做过。只有伽利略在直接观察中才发现了奇迹。由此可见，直接观察是可以创造奇迹的。

二、间接观察

1. 什么是间接观察

间接观察，就是在人们观察事物时，通过他人已取得的经验、观察的结论，来认识事物的方法。

世界上的万事万物，无论是从时间的角度来说，还是从空间的角度来说，都是无可限量的。一个人在一生中所接触到的事物必然是有限的，不可能事事都亲身直接去观察，多数的时间是靠别人的经验去间接地观察事物。例如，语言，这是人们用来交际的工具。应该说每一个生理器官健全的人都会说话，都能运用语言进行交际。但这种语言就其产生来说，并不是由每个人直接观察产生的，而是人类在长期的劳动中形成的，是一代一代不断传下来并不断发展的。因此，可以说，对于我们当代人来讲，运用语言就是间接观察的产物，没有这一点间接的观察，就不会说话，也不会运用语言进行交际。

大家是否还记得关于“狼孩”的故事：1920 年，在印度发现了两个由狼养大的孩子，大的起名叫卡玛娜，当时她已经 8 岁，却只相当于 6 个月婴儿的智力，她除了喜欢用四肢行走，夜间活动，舔食流食，不穿衣服以外，还不会说话，不能运用语言同人们进行交际。卡玛娜本来是人的后代，具有人的大脑和一切心理条件，为什么失去人的本性呢？就是因为她脱离了人类社会，没有过人类的生活，在生命的初期没有运用人类间接的经验观察事物，因此她连人类的语言也不会说。

从“狼孩”的事例中，我们还可以联想到其他方面：没有间接观察，我们就没有衣服穿；没有间接观察，我们就没有房子住；没有间接观察，我们就没有任何文化知识……一句话，如果没有间接的观察，我们当代的人就没有任何物质文明和精神文明。因此，间接观察是很重要的，我们只有借助前人的经验和观察结果去认识世界，才能学会用现代方法认识事物，从而缩短历史发展的进程，推动历史不断向前发展，提高人类物质生活和精神生活的水平。

人对于客观事物的间接观察，从婴儿到老年，贯穿整个一生。主要有以下两种情况：

（1）父母的教诲

一个人从出生到成年，一般要有三分之二的时间是在家庭里度过的。孩子的模仿力强，家庭的生活方法，父母的一言一行，甚至习性、爱好，都会成为孩子间接观察客观事物的经验。因此说，一个人的间接观察，首先是通过父母的影响去进行的；父母的教诲对于子女的影响是起重要作用的，甚至是决定性的。历史上有很多的贤明父母，都十分注意对子女进行积极的教育，间接地教子女怎样做人，怎样成才。我国古代有孟母三迁、断织教子和岳母刺字的动人故事；诸葛亮的《诫子书》至今还有一定参考价值；居里夫人不仅是一个伟大的科学家，还是一个教子有方的好母亲。

正因为家庭是一个人生活成长的第一个具体环境，父母的殷切教诲，往往给子女提供了间接观察客观事物的可靠依据，为他们成才打下了坚实的基础。

（2）书本的启迪

一个正常的人，从7岁起就要开始读书了，最多的要学习十几年。这种学习的时间在人的一生中占了相当一部分，因此，一个人的间接观察除了父母的教诲以外，有相当大一部分是借助书本进行的。中国有一句老话“秀才不出门，便知天下事”，这里所说的“知天下事”，指的就是经过文字和科学技术的传达而输入“秀才”的大脑中。这在文字和科学技术不发达的古代不过是一句空话，只有在文字和技术有了一定发展以后才可能实现这句话。

在人类的文明史上，我们可以发现，古今中外，在思想、文化、科技等各个领域为人类做出卓越贡献的人才，都是在学习上下了一番苦功的。例如：我国明代杰出的药物学家和医学家李时珍，一生勤奋好学。他年少时，由于其父的意愿，埋头攻读八股文，并在14岁那年中了秀才。他中年时，因医术高明，被武昌的楚王召去，后被推荐到太医院。在此期间，他接触了民间所见不到的大量珍贵医书，他刻苦学习，不仅研究了国内的医书，还研究了郑和等人下西洋带回的外国药物和书籍，这为他进一步钻研和提高医药学水平提供了条件。也正是在太医院期间，他立志要写一部药物著作的志愿更加成熟和坚定了。后来，他根据自己搜集的大量资料和读书日记，以宋代唐慎微的《证类本草》为蓝本，按着自己的分类标准，将名家说法进行罗列排比，分别归类，经过27年的奋斗终于写成了这部药学史上的巨书。全书共收药物1892种，李时珍新增加的药物有314种，近百分之二十。从这个比例数中，我们可以看出，李时珍《本草纲目》中的百分之八十的药物是从书本间接观察而认识掌握的。这说明书本对于一个人的启迪是多么巨大啊！

在学习书本的过程中，应当强调自学的重要性。有机会上各种学校乃至高等院校学习固然重要，但在人的一生中，进学校靠老师传授知识的时间，毕竟是短暂的，犹如妈妈扶着走，在一生中是极短的时间一样，绝大多数时间是靠自学。况且，由于教育发展水平跟不上人口发展速度，受高等教育的只是我们其中的一部分人，在这种情况下，就更要提倡自学。自学也可以间接观察客观事物，这是古今中外著名科学家、文学家、艺术家已经证明了的经验。我国著名的数学家华罗庚，并没有上过几年学。从14岁开始自学数学，19岁他就开始写论文，25岁便成了世界闻名的数学家。齐白石是江南乡间的一个木匠，没进过美术院校，由于他刻苦自学，终于成为国画界的一代宗师，闻名中外的大画家。这说明，自学也能间接地观察社会，掌握大量的知识，同样也可以提高记忆能力，创造出新的成果。

2. 间接观察的意义

间接观察的意义是多方面的，就主要的方面来说，有以下两点：

(1) 吸收精华，少走弯路

一个人精力有限，知识水平也有限。要想在某一个方面取得成功，光靠自己的亲自观察是不够的，还必须借助前人的经验，进行间接观察，从中吸收精华，减少误差，少走弯路。杰出的物理学家牛顿在临死前曾经这样说过：“如果我所看到的，我所发现的要比笛卡尔和培根远一点的话，那是因为我是站在巨人肩上的缘故。”在这里，牛顿所说的站在“巨人的肩上”，指的就是借助前人的经验进行间接观察的道理。

其实，每一个卓有成效的科学家都是站在巨人的肩膀上取得显著成效的。例如：人们认为蒸汽机是瓦特发明的，事实上，在瓦特之前，蒸汽车早已有人研究了。公元 120 年左右，古希腊的希罗发明了一种利用蒸汽从空心球的两个喷嘴中喷出气使圆球旋转的机械；17 世纪，达・芬奇、牛顿等 20 余人先后设想或设计了蒸汽动力机；法国的巴本制成了第一部蒸汽机雏形；英国矿山技师塞维利制成了供矿井抽水用的蒸汽泵；18 世纪初，英国铁匠纽康门综合巴本和塞维利等人的设计，曾制成蒸汽机，但没有能用于大工业生产。瓦特在吸收前人精华的基础上，对蒸汽机进行了反复研究，经过 10 年的努力，终于制成了一台带有单独冷凝器的蒸汽机，既缩短时间，又能节省四分之三的煤炭，取得了发明蒸汽机的专利权。我们从瓦特成功的经验之中，可以看出他对蒸汽机的研究，是在借助前人的间接经验的基础上，进行比较，取其长、避其短，继承了他们的精华，从而少走了许多弯路才完成的。

（2）缩短时间，提高效率

间接经验，是从直接观察中得来的。往往对于我们来说是间接经验，而对于前人来说是在直接观察中获得的直接经验。前人为了获得一个正确的观察结论，常常要付出极大的努力，有时要花掉几年甚至十几年、几十年的时间。从这个角度上说，善于借助前人的经验，可以节省时间，加深记忆。

例如：牛痘的发明者琴纳，是英国一位立志终身为农民服务的乡村医生。他以优异成绩获得医学学士学位后，谢绝了医院的重金聘请，回到自己的家乡，想试一试牛痘接种法，防治天花传染病。他 38 岁时首先在自己儿子身上第一次接种了牛痘，这个孩子后来证明对天花有免疫力。于是，琴纳写了第一篇试验性论文，但是，他用牛痘接种预防天花病的设想遭到冷遇，论文被退了回来。1796 年，琴纳 47 岁时又为一个男孩接种牛痘，并获得成功。两年后出版了《探究》一书，报告了约 23 个因接种牛痘，或者自然感染牛痘，因而对天花免疫的病例。这是他积累 20 多年的观察、实验的结果。不久，牛痘接种便得到普遍的采用，并在全世界推广，他也得到了来自全世界的赞誉。时至今日，利用牛痘防止天花病的办法还在被人们运用着。不过用起来可绝不会 20 年才能学会，而是在一天之内就能学会接种的基本方法。之所以能缩短时间，是因为有琴纳的成功经验。

像这样的事例还有很多，有些科学家为了观察研究一个公式，用了一生的时间，而我们要掌握这个公式的基本原理，只要几天、几小时，甚至几十分钟内就可以了。这都说明，只要我们善于借助前人的经验去间接地观察事物，就能缩短认识事物的时间，提高认识事物的效率。

为观察力创造心理条件

全面、正确、深入地观察事物的能力，称之为观察力。人的观察力是发现事物典型特征的能力，是一种稳定的个性特征。这种个性不是先天就有的，而是在人们的长期实践活动中逐步培养起来的。

培养具有个性特征的观察能力，是提高记忆力水平，进行各种实践活动的一个基本条件。例如，教师有了观察能力，就能促进教学与教育技巧的提高，专业人员有了观察能力，就能有许多发明创造。历史证明，古今中外的杰出人才，都具有高度的观察力。人们都希望自己具有敏锐的观察力，那么怎么培养观察能力呢？

观察力是一种有个性特征的心理活动。要培养观察能力，首先必须创造良好的心理条件，培养良好的心理品质。具体说要有以下几种心理品质。

一、求知的欲望

求知的欲望是观察力发展的重要基础。求知欲在心理上主要表现在两个方面：

1. 动机

动机是激励人们去行动以达到一定目的的内因，也是推动人们行动的内部动力。动机产生于需要，当人们有了某种需要，就产生要求满足需要的愿望，当有了能满足他的这种愿望的条件时，就产生了行动的动机，产生了积极性。例如：学习对于人来说，是一种需要，古今中外很多名人都对学习有强烈的动机。我国北宋文学家欧阳修4岁的时候，父亲病故，家中困苦不堪，他不但上不起学，连纸墨笔砚这些最起码的学习文具也买不起。他的母亲就用芦苇秆当笔，在泥沙上教他认字写字。母亲的启蒙使他产生了强烈的求知欲望，专心致志，刻苦攻读，不到10岁，就已经具备了自学能力，于是他就从邻居那里借书回来读，重要的都自己抄一遍，并把它背出来。几年以后，他把《论语》、《孟子》、《大学》、《中庸》等书都背熟了。他曾在一首诗中写道："一生勤苦书千卷。"这正是他毕生勤奋自学的真实写照。经过一生勤奋地努力，欧阳修给后人留下了很多著作，为我国的文学事业做出了卓越的贡献，成为著名的"唐宋八大家"之一。

2. 兴趣

兴趣是人们爱好某种活动或力求认识某种事物的倾向性情感。兴趣对于人的学习、工作等一切活动都有十分重要的作用。德国著名诗人和思想家歌德曾经说过："哪里没有兴趣，哪里就没有记忆。"学习兴趣，是学生对学习活动或学习对象的一种力求趋近或认识的倾向；学习后对于知识掌握的程度，正是学习兴趣的产物。当一个学生对于所记忆的公式、定理、文字等有浓厚的兴趣时，大脑皮层会产生兴奋的强烈刺激，记忆就会更加主动积极，提高效率。因此，要想学习好，记住各种知识，首先就必须培养对学习的兴趣。

古今中外的教育家、科学家对兴趣爱好的重要作用有很多论述。孔子说："知之者不如好之者，好之者不如乐之者。"爱因斯坦说："我认为，对于一切来说，只有热爱才是最好的老师，他远远超过责任感。"在科学上、学术上有重大成就的人，往往都对他所学习和研究的内容有浓厚的兴趣。例如著名的英国物理学家牛顿，一生对于学习和研究有浓厚的兴趣。在童年时期，当他去市场卖东西时，常常坐在篱笆下津津有味地读书，结果生意没有做好；当他去放牛时也因孜孜不倦地读书，结果让牛迷了路。在他成为一个伟大的科学家后，有人曾经问他："你用什么方法才有了这些大发现呢?"牛顿回答说："我并没有什么方法，只是对于一件事情很长时间很热心地去思考罢了。"确实是这样，牛顿有时钻研的兴趣达到了入迷的程度，甚至连吃饭都会忘掉。有一次他请一位朋友来吃饭，菜摆在桌上，可是牛顿老不出来，他的朋友就自己动手把那份鸡吃掉，骨头留在盘子里，走了。后来牛顿来了，一看盘子里的骨头说："我还以为我没吃饭呢，原来已经吃了。"正是在这样兴趣的支配下，牛顿一生有很多发明，他在数学、力学、天文学、静力学和动力学等许多科学领域中都获得了伟大的成就。

二、探索的精神

观察要深入，追本求源，不能走马观花，浅尝辄止。因此，要求进行观察的人，必须具备探索的精神，这样才能提高观察的质量。在观察的实践中，探索的精神主要表现在以下两个方面。

1. 踏踏实实

从踏踏实实方面说，就是要求观察者，对于观察的对象要进行全面的了解、多次的了解，使观察者排除一切主观因素，不带任何偏见，正确地认识所要观察的事物，否则难以分辨事物的本质，甚至会造成观察的错误。

例如：一次在戈廷根的心理学会议上，突然从门外冲进一个人，接着后面追着的人也冲了进来。两人在会场中央混战并打响了一枪，之后又冲出去。从进到出总共20秒钟。这件事是事先安排好的，并全部录了像。会议主席当即请与会的心理学家写出自己目睹的经过。在上交的40篇报告中，仅有一篇在主要事实上的错误少于百分之二十；有14篇的错误占百分之二十到百分之四十；有25篇的错误占百分之四十以上。值得注意的是，在40篇报告中，还有20篇报告有百分之十以上的细节是纯属臆造的。这个实验说明，即使是训练有素的观察者，也难以把亲眼所见的事物，做出正确的结论。

所以我们在所有的观察过程中，必须踏踏实实地多次进行观察，充分地研究要记忆的事物的各种因素，把握住事物的全面情况，这对于增强记忆力的正确性有着极大的帮助。

2. 深入细致

从深入细致方面说，观察不仅仅指踏踏实实地去观看就可以了，还必须透过事物的现象，深入地进行观察，抓住事物的本质特征的细节。例如：当我们在公园看花之后，要把所看到的花原原本本地画下来，但对花瓣的数目及其形状、枝叶的交错状态等却模糊不清，画不出来。这就是因为我们对于花的本质特征观察得不够的原因。法国著名作家莫泊桑是短篇小说创作的巨匠。他在谈到作家要注意观察事物的细节时说："必须详细地观察你想要表达的一切东西，时间要长，而且要全神贯注，才能从中发现迄今还没有人看到与说过的那个方面。”“为了描写烧得很旺的火或平地上的一棵树，一直到我们觉得它们不再跟别的火焰和别的树木一样为止。”只要我们按照莫泊桑所说的方法进行深入观察，仔细对比，分析异同，就会找到那些反映事物本质特征的细节，便可以从中获得更好的记忆效果。

三、坚韧的意志

观察是一种有目的的自觉行为。在现实生活中，人们或是为了学业，或是为了工作，或是为了科研，都在进行自觉的观察。然而，有的人却往往因为缺乏坚韧的意志，成效不大。心理学家认为，意志是人在完成一种有目的的活动时所进行的选择、决定和执行的心理过程。尤其是在完成观察那种复杂而又艰苦的工作中更显得不可缺少。

古今中外，凡是有所作为的人，都具有坚韧的意志品质。高尔基曾经说过：“我常常重复这样一句话：一个人追求的目标越高，他的才力就发展得越快，对社会就越有益；我确信这也是一个真理。这个真理是由于我的全部生活经验，即是我观察、阅读、比较和深思熟虑过的一切确定下来的。”正如高尔基自己所说的那样，他虽然只读了两年小学，但为了实现在文学上有所作为的理想，以坚韧的意志，一边拼命学习提高文学修养，一边深入体验生活，很快写了一些著名的作品。到他 32 岁写成《海燕之歌》的时候，已经是一位著名的作家了。最后他终于为世界文学事业做出了巨大的贡献，成为举世闻名的伟大作家。坚韧的意志，在观察中具体表现在以下几个方面。

1. 自觉性

自觉性是指观察者对自己所观察的事物有着正确而充分的认识。意志的行动是一种有意识的行动。在观察事物的过程中，这种有意识的行动，常常转变为对于事物的自觉观察上；而且意志越坚忍不拔，自觉性的程度就越高。在观察过程中，只有具备了这种自觉性，才能充分调动人的智力，使观察敏感，记忆持久，思维深刻，想象丰富，并始终保持着旺盛的精力。

2. 果断性

果断性是指观察者在观察过程中善于明辨是非，当机立断的能力。在观察中，是以随意动作为基础的，随意动作又是受意识支配的。观察者只有掌握了随意动作，才能顺利地完成意志行动。然而具有果断性的人，才能够全面、深刻地认识行动的目的及其采取的方法，迅速、果断地随意进行观察，以提高观察的准确性，保证记忆的可靠无误。

3. 坚持性

坚持性是指观察者在观察中对于各种困难所持有的韧劲。意志行动既表现在克服内部困难（如思想中出现的疲倦、懒惰、分神等），也表现在外部出现的困难（如对工作中出现的暂时困难，对事业中出现的不利环境等）。对客观事物进行观察是一项艰苦的工作，什么情况都会发生的。但是只要具备了坚持性，就会在困难面前坚忍不拔，持之以恒，不达目的，绝不罢休，直至完成观察的任务为止。

4. 自控性

自控性是指观察者在观察中对自己情绪的约束能力。意志是一个控制自己、支配自己，并自觉调整自己情绪的过程。有了自控性，在观察过程中，一方面能使自己在顺利条件下对所观察的事物保持清醒头脑，正确认识它们的现象与本质，局部与整体，少数与多数，不至于只见森林不见树木；另一方面能促使自己在不利的条件下，对所观察的事物不以感情论处，抑制冲动的行为，防止思绪低沉、破罐破摔。自控性在观察中十分重要，特别是在观察中遭到挫折和极大困难的情况下更加重要。

提高观察的基本方法

观察是一种十分艰苦而又复杂的脑力劳动。搞好观察要想不付出一番心血，是不可能的。然而，任何事物都是有规律可循的，只要掌握了规律，就会找到一条捷径。而观察的规律就在于学会和运用观察的基本方法和技术，不断提高观察的质量。那么应该在观察中掌握哪些基本技术呢？

一、制定一个周密的方案

既然观察是一种有目的、有计划的感知过程，那么，在观察之前必须制定一个周密的观察实施方案。这个方案的主要内容应该有以下几点。

1. 要有明确的目的

观察特征之一，就是有一个明确的目的。在观察过程中，只有明确了所要观察的目的、计划、中心和范围，才能保证把观察力集中在所要观察的事物上，取得良好的观察效果。因此，观察的效果好坏，在相当程度上取决于观察的目的是否明确。如果观察目的不明确，往往是“走马观花”，其效果很差，甚至是“视而不见”，“听而不闻”。

对于所观察的对象的日的明确性，还表现在于目标始终如一，志向终生不变的方面。一般说来，最能导致事业成功的，只有一个志向。常言道“无志之人常立志，有志之人立志长”，说的就是这个道理。一旦立志就要专一，不要今天一个志，明天一个志。在现实生活中，我们可以看到有这样的青年：一会儿想当飞行员，一会儿想当演员，一会儿想当律师，一会儿想当法官。朝定夕改，想入非非，就是没有一个实实在在进行观察的严肃态度。这种见异思迁的人，好比一杆没有秤砣的秤，是打不起斤两的。

2. 要有系统性

进行观察往往都是为了达到某种目的而进行的，因此，必须有系统、有计划地进行。按照所观察的事物特征，依次去进行，才能做到全面、周全。否则，随意地观察，只会得到杂乱无章的印象。

在观察的实践中，有系统观察和无系统观察，效果大不一样。例如：在游览同一风景区时，大家的记忆就有很大的不同之处。平常的人多是没有条理杂乱记忆，而且所记忆的都是表面的景物。但是有直接观察经验的作家却不同了，他把看过的景物，记忆起来在笔下写成文章，会表现出他对景物观察的有条不紊、周到深入。这是因为平常的人缺乏对景物做程序的系统观察，而作家则因为从写作的训练和经验出发，自然地养成了习惯，知道面对风景时，该要按照怎样的程序和条件来有条有理地观察。

不同的事物有不同的表现形式，因此在按照事物的系统进行直接观察时，要因事而定，不要千篇一律、死搬教条。这样从实际出发制定的观察程序，才能使观察到的事物有血有肉，真正抓住事物的本质。例如：先整体，后局部，这是一般观察事物的基本方法。这种方法要求观察时，首先指向对象的整体，对整体有个初步的、一般的、粗略的识记后，再分出对象的各个部分，并对这些部分进行细致的观察，以了解其特点、作用。然后，再观察了解对象各部分之间的联系和关系，从而对整体获得确切、全面、深刻的认识。又如：由上至下，这是观察人物的一般惯用方法。当初次与一个人见面的时候，我们总是习惯从上面观察开始，首先观察他的面部有什么特征，头发的颜色，是否秃顶，是双眼皮还是单眼皮，鼻子是扁平还是“蒜头”；然后观察他的上半身，胸部是扁平还是隆起，腰是粗壮还是纤细；最后是观察他的下半身，腿是粗还是细，有没有罗圈腿，走起路来是朝里使劲还是朝外使劲。只要我们按照这个程序观察一个人，就能抓住这个人的基本特征。再例如：在学习英语时，注意从语音、词形、词意的程序进行观察，就会有助于提高对单词的记忆量等。观察程序，不应是死教条的，而应是因事物的特征而定，还要因人而定。不管是采用哪一种程序，只要是周到、完全、深入，从立体的高度对事物进行全面观察，最终能抓住事物的本质特征，达到认识事物的目的。

3. 要运用不同的观察方法

对于不同事物要运用不同的观察方法，这是观察中必须注意的一个原则。例如：对于食品的苦、辣、酸、甜、咸的观察，只能用口尝、鼻闻，用耳听是绝对不可能的。在现实生活中，由于事物有多种的表现形式，在观察这些事物时，也可采用几种方法同时进行。例如：气象人员在观察风力级别时，可以用耳听风吹动空气的音响，也可以用眼看树摇动程度，还可以用气球飘动进行计算，这些方法都可以收到一定的效果。在同时可以采用几种方法观察同一事物时，只要有一种能快速、优质地认识事物的本质的方法，就要选择这种作为观察的最佳方法。其他方法也就可以不去使用。

观察的方法要因人而定，对于观察同一种事物，不同人有不同的方法。例如，古人在观察祖国大好河山，写抒情风景诗词时，不同的诗人有不同的方法。唐朝伟大的诗人李白一生以纵酒、寻仙和放情山水为乐趣，他一生漫游了无数的名山大川，足迹几乎遍布中国。每当他游玩一处名胜之地后，便同朋友一起对坐饮酒，酒间诗兴大发。人们常说的“李白斗酒诗百篇”就是他一生的真实写照。因此李白的诗具有豪迈、开阔的胸襟，不仅以清新俊逸的风格表现了大自然的明媚秀丽，而更多的是以豪放壮浪的风格表现了大自然的阔大雄伟。而唐代中期著名诗人李贺，写山水诗与别人不同，总是先寻得素材然后再写。他经常骑一匹小毛驴，背着一个破旧的布袋，出门远游，观察生活，搜集材料。他仔细观察大自然的山山水水、一草一木，在街头巷尾、村庄农舍旁听人说古论今。遇有所见所感，马上记录下来，放进布袋里。然后，回到家中把纸条取出来，进行选择整理，加工创作。他的大部分诗歌，都是用这种方法写出来的。因此李贺的诗形成了字切句琢奇峭瑰丽，造词立意情景鲜明的独特艺术风格。从上述两位诗人观察山水的不同实践中，我们可以得出这样的结论：只要根据自己的实际情况，采取切实可行的观察方法，一定能取得成功。

在观察中还要注意观察对象要相对集中。在一定时间内，只能有一个观察对象，最多不能超过两个（而且必须是紧密相连系着的）。如果观察对象多了，就会影响观察精力的集中，造成降低观察质量的不良后果。例如：学生在学校学习期间，每天每堂课只有一个中心内容，或是语文，或是数学，使学生在一定时间内只有一个观察对象。如果一课之内一边学语文，一边学数学，一边画图画，那么这种后果是可想而知的，一定是脑中乱如麻，什么课也不会有深刻的记忆。

二、发挥各种感觉器官的作用

人是通过感觉器官认识世界的。人的感觉有视觉、听觉、嗅觉、味觉、触觉等，在观察中，这些感觉发挥得越好，对事物的观察就越全面、越准确。否则，虽然也进行了观察，但收效不大。因此，要搞好观察，必须注意充分发挥感觉器官的作用。

1. 发挥感觉器官的独特作用

一些心理学家对现实生活的状况进行大量研究之后，发现由于社会实践的不同，人们的感觉器官各有所长。例如：专门从事黑色纺织品工作的工人，能分辨出40多种不同黑色色度，而普通人仅能辨别两三种。熟练研磨的工人能辨别二千分之一的微隙，而平常人只能辨别百分之一的微隙。虽然是同一种视觉，但是由于训练和实践的程度不同，就存在着很大的差距。从而，我们可以得出这样的结论：只要经过训练和多次实践，就能提高感觉器官的辨别能力。鉴于这种结论，我们可以说，要提高观察的效果，必须提高各种感觉器官的辨别能力，充分发挥每一种器官的独特观察作用。

2. 发挥感觉器官的综合作用

在现实生活中，多种感觉器官同时进行观察的事物是常见的。例如：学生在学习英语单词时，不但用耳听教师发音，而且要用口读，还要用手写；飞行员在空中驾驶飞机时，不仅要用眼看前进方向，而且要用耳听发动机的变化，还要用手操纵各种开关。这两个事例都说明，有时候观察是一个综合性的反映。因此，在观察中要尽可能地让多种感觉，如听觉、触觉连为一体，使各种感觉分析器官协同作战，提高大脑皮层的分析综合的能力，以便从多方面形成暂时神经联系，达到提高观察的全面性与准确性的效果。

三、提高观察的智力技能

所谓技能，是指运用知识和经验顺利完成某种任务的一种活动方式或智力活动方式。例如：学生为了很好完成掌握文化知识的任务，要形成读书、写字、计算等技能；工人为了很好地完成生产任务，要形成操作机器或使用工具的动作技能。同样道理，在观察的过程中，也需要形成一些必不可少的技能。这样才能迅速准确地完成观察任务，加速提高记忆力的进程。

心理学家们认为，人的技能的生理机制是这样的：在人的脑中有一个区域称之为运动中枢，这个中枢的神经细胞负责指挥人体各部分器官的活动。一般来说，人在正常情况下，由于反复进行某一种运动，脑中运动中枢神经细胞之间就形成了巩固的暂时联系记忆，即动力定型。尔后，只要在一定的条件下，由于条件反射，一系列的动作便可以连贯地恢复起来。这种智力活动式的技能，对于观察者来说十分必要，是不可缺少的条件之一。通常情况下，在观察中，这种技能主要表现在以下两个方面。

1. 熟练地掌握和运用现代化的手段

人类发展到今天，比起祖先时代的条件不管在哪一个方面都优越得多，特别是出现了一系列先进的工具。今天我们要进行观察，可以借助各种先进的仪器和设备得以实施。例如：借助仪器记录能够提高观察的准确性，不仅能把客观情况如实地保存下来，而且能够反复仔细地分析研究。借助望远镜和显微镜能开阔人眼的视野，可以把遥远天际的星球拉到眼前，也能使肉眼看不清的微生物显露原形。借助照相机和录音机等一些现代化的设备也都能使被观察的事物真实、反复、迅速、准确地展现在人们眼前，以便提高观察效率。因此，学会和掌握现代化的仪器和设备，是当代观察者必备的基本技能之一。如果天文学家赫歇尔不是运用自制的201米焦距反射镜和放大222倍的目镜进行观察，他绝不会发现太阳的第7颗行星——天王星。

2. 逐步培养和练习智能化的观察方法

人们在进行观察过程中，总是离不开一系列的操作方法。如观察气候的变化要进行记录，观察农作物的生长，要进行栽培；观察儿童骨骼的成长，要进行定期测量。如果没有这一系列仔细的操作方法，观察就不能实施。通常说，操作有两种方法，一种是动作化的操作，如我们生活中的写字、绘画、吹笛、弹琴、拉锯、劈柴等，主要借助人机体的骨骼肌肉的运动才能实现的。另一种是智能化的操作，是借助于言语在头脑中进行认识活动的方式，通过人们的学习而逐步培养、练习而形成的。如一个学生在阅读、解题、计算、作文方面的能力，就是学生在长期学习活动中形成起来的专门智能化的操作方法。由于智能化的操作方法是属于在头脑中进行的认识活动，所以它相较于动作化的操作方法，又具有合理、完善等优点。因此，智能化的操作方法，是每一个观察者必备的素质条件之一。

正因为智能化的操作在观察中作用显著，所以，许多心理学家都重视研究它。苏联心理学家加里培林曾经反复说明：智能的活动是一个从外部的物质活动向内部的心理活动的转化过程。按照加里培林的理论，当智能活动达到最后的阶段，其结果是智力活动高度压缩和自动化，并且不需要意识的参与而进行智力活动的阶段。一个观察者，如果逐步培养和练习用智能化的操作方法进行观察，那么，他必然会加快记忆速度，早日成才，无论在学业上，还是在事业上，都会取得卓越的成果。例如：我国东汉时期的伟大科学家张衡，一生刻苦学习，智力过人，他不仅发明创造了观察天象的天文仪器——浑天仪，还十分精于计算。他认为大地绕天球一周是三百六十五度又四分之一，这和现代科学测量，地球绕太阳一周需要365.2416天，基本是符合的。仅从这一点上就足以说明，张衡观察事物的智能已经达到了相当高的水平。

四、写好观察笔记

良好的观察不仅需要具备迅速、精确感知事物的技能，为了对观察的结果进行分析，以便确定进一步观察的具体任务，在比较长期的观察过程中，还必须经常进行整理和总结工作，在观察结束时还应做出全面的、系统的、书面的或口头的总结报告。这样既能帮助巩固观察所获的知识，也有助于以后的观察。然而，为达到这种目的，必须及时写出观察笔记，为总结和整理观察情况提供素材。

1. 写笔记是观察者不可缺少的工作方法之一

科学和艺术上的成功，绝不是一天或几天内就能实现的，必须经过坚持不懈的努力，必须经过长期的知识积累和思想积累。为实现这种积累和准备，光靠记忆是不可行的。人的记忆力总是有限的，过目成诵者虽然有之，但时间长久了他也会印象淡漠。笔记是观察者记忆的拐杖。历史上很多学者都重视观察，也十分重视写观察笔记。从他们成功的经验中，我们可以看出笔记对于成才是具有重要价值的。例如：达尔文随“贝格尔号”考察船环球考察，记录下来50多万字的珍贵资料，厚厚的18大本，这正是生物进化论的主要原始材料。我国古代著名医药学家李时珍为了写《本草纲目》，手抄笔录的材料有1000万字以上。这些事例充分说明，把观察的结果用笔记形式记载下来，为工作和创造提供了珍贵的第一手资料。

2. 笔记的内容和形式要多样化

我们常见的笔记形式多种多样，有读书笔记，有思考笔记，也有观察和实验的笔记。有观察札记，有观察结果，也有观察日记。例如：列宁关于哲学的三大本笔记，是在阅读黑格尔、费尔巴哈等哲学家著作时写的随感，有摘录的片段原文，有对原文的赞许或批判，以及自己的独特发挥。我国明代地理学家徐霞客几乎走遍祖国的名山大川，每天都记下当天的见闻，既有文学价值，又有科学内容。我国著名气象科学家竺可桢数年如一日地写观察物候现象的笔记，一天不停，他能从海棠花开放不同时间的细微差别中，发现气温的变化情况，揭示气候的历史变迁趋势。

3. 写笔记的作用

写观察笔记，不仅能起到帮助记忆的作用，而且还能起到促进大脑思维的作用。大脑相当于一部信息处理机，观察笔记相当于一部信息储存器。在记笔记时，大脑和笔记相联系，相当于处理机与储存器的接通，它们相互作用，有时会使思想十分活跃，如果长期写观察笔记，就会产生连续的刺激作用，有时会出现特殊的效果。历史上很多名人的创造半成品都是产生在观察笔记中的。例如：伟大的法国科学家法拉第关于磁能生电的思想在轰动世界之前的很多年，就已写入了他的笔记。英国卓越的生物学家达尔文在出版《物种起源》的很多年之前，就在笔记中写下了进化论的基本思想。伟大的革命导师恩格斯的《自然辩证法》一书也是形成于他的大量笔记之中。因此说，观察笔记是人们创造性劳动的记录，是成功的结晶。只有写好观察笔记，才能帮助有志者登上成功的高峰。

五、注意观察的节奏

我们知道，无意观察不用付出更大的意志努力，不易疲倦，但倘若我们单凭它去从事某种工作，那么不仅工作会显得无头绪，存在着盲目性，同时因为无意观察是从兴趣出发的，所以一旦工作中出现困难和干扰，失去兴趣，那么这种观察也自然维持不下去。因此必须结合有意观察，工作才能完成得更好。

我们知道，有意观察是为了达到某种目的，如果一直有意观察下去，往往需要紧张地努力，精神高度集中，时间久了，会使人感到疲劳，一旦超过了身体允许范围，就会引起各种疾病，最后终因身体支持不住而倒下去。因此必须用无意观察来进行调节，这样才能保证工作的正常进行。

所以，我们在观察中必须学会把无意观察同有意观察有机地结合起来，既发挥无意观察的调节作用，又发挥有意观察的专一作用。在现实生活中，这两种观察互相转化常表现在以下几种情况。

1. 不同对象

随着观察对象的不同，无意观察与有意观察互相转变着。例如：当学生看着老师在黑板上写字的时候，他们有意观察的是黑板上的字，对于旁边的墙壁、挂图以及其他物品都是无意观察的。但是在另一种情况下，当老师讲解挂图时，挂图就成为观察的对象，黑板上的字又成了无意观察的对象。这就是说，由于观察的对象和背景不是固定不变的，无意观察和有意观察也必须不断地转变。

2. 不同年龄

由于人们的年龄不同，无意观察与有意观察要有不同节奏的互相转化。因为，有意观察必须付出巨大的意志努力，不能一直保持很久的时间。据有的外国心理学家观察的结果表明：5 岁至 7 岁的儿童能聚精会神地注意某一事物的时间平均是 15 分钟左右；7 岁到 10 岁是 20 分钟左右；10 岁至 12 岁是 25 分钟左右；12 岁以后是 30 分钟左右；而成年人是 60 至 100 分钟。根据这种生理特征，在进行教学时，教师必须使有意观察和无意观察有节奏地互相轮换。一般说来，小学儿童在每一节课中，正常条件下平均每次能保持 10 至 20 分钟的有意观察性教学；成年人每节课 45 至 90 分钟。在紧张而努力的有意观察之后，教师就要运用直观教材、有兴趣的语言或其他方法来引起儿童或成年人的无意观察，以便减少疲劳，巩固学习成果，提高记忆的牢固程度。

3. 不同时间

许多成名之人，也都十分注意在不同时间内使无意观察同有意观察互相转化，做到文武之道，一张一弛。例如：马克思钻研理论疲倦了，就做数学题。列宁学习疲倦了，就打打秋千，散散步。爱因斯坦在工作之余，就弹钢琴、拉小提琴，或拿起望远镜遥望奥秘无穷的夜空。正因为这些伟人都注意保持时间上的弹性，才能有效地工作，持久地奋斗，才能为人类多做贡献。

在生活中，我们也常看到这种情况：在不同时间内，往往由无意观察开始，在有意观察中结束。例如：古希腊最杰出的科学家阿基米德，对数学、物理、天文和机械工程都进行了广泛、深入的研究。据记载，叙拉古国王希罗让工匠做了一顶金冠。这顶金冠做得十分精致，而且重量也与原来给的金子相等。但是，国王却起了疑心，怀疑工匠在王冠里掺了银子。他命令阿基米德在不损坏王冠的条件下查明真相。阿基米德接受这个难题后，朝思暮想，反复观察，但百思不得其解。一天，他在洗澡中无意观察到身体排水的现象，得到了重要启示。他不仅根据这一原理解开了王冠之谜，而且在进一步有意观察之中创立了液体静力学的原理——阿基米德原理，并写了一部《论浮体》的名著。时至今日人们还是根据这一原理制造各种船只，不仅有漂洋过海的万吨远洋巨轮，还有探索海底世界的潜艇等。

由此可见，阿基米德这种由无意观察转化为有意观察的实践，为人类做出了巨大贡献。在现实生活中，我们每一个人，只要善于运用无意观察和有意观察互相调节的方法，就会保持精力上的旺盛优势，不断提高自己的记忆能力，从而去创造奇迹。

第四章
联想记忆，为过目不忘搭起桥梁

看到了一个事物就会自然想到另一个事物，这就是联想。正是因为有了联想，人们才会将不同的事物之间联系在一起。因此，联想在记忆过程中起着非常重要的作用，人们会自动寻找客观事物之间的关系和联系，然后把关系和联系在大脑中形成相互连贯的线条，这种连贯的线条就是记忆和联想的基础。

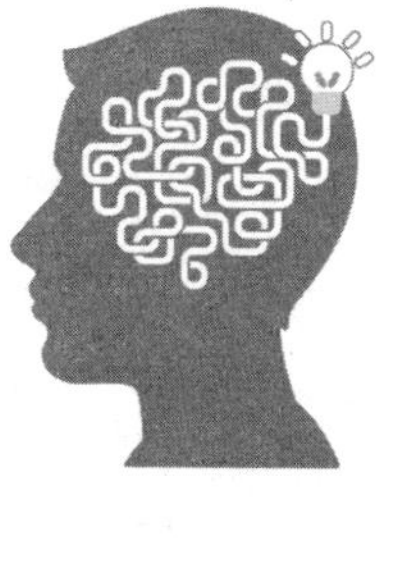

实物是鱼，联想是鱼钩

在日常生活中我们经常得记忆这类材料，例如各种术语、指令、评论、与同事的谈话、统计数字、指示、采购物，等等。这类材料越来越多，光凭日历、笔记本和其他那些常用手段已经越来越难以应付这种局面。我们需要一些能够帮助我们迅速、准确而有效地记住这些庞杂信息的方法。

这里介绍一种具有这种效能的方法——联想法。联想意味着什么呢？简单地说，所谓联想，就是把所要记住的东西和已经记住的东西联系起来的一种思维方式。

联想是这种使感知事物扎根于记忆中的“纽带”。必须使要记住的词汇、句子、形象、数字等，到达记忆库的中心。记忆库是记忆事物构成的一个真正的网络。为了要记住一个抽象而复杂的词汇，人们就要想：这个词汇使我想起什么？如果这是一种药品，它治什么病？当我听到这个词汇时，我会产生什么愿望？等等。这是一种内心活动，使人如同在这个词汇周围造一个建筑物。

好的记忆秘密究竟在哪里？秘密在于创造一个强烈而生动的联想这种巧妙的技术。美国心理学家威廉·詹姆斯说：“一件事物在心中越与其他众多的事物联想就越能记住，长期保留在心中。联想的每件事物都是一根根的钓钩，应该记忆的事物要吊在钩上。钓钩是当记忆从表面下沉时将它钩起的一种手段。”一件事物是怎样通过联想把众多从表面下沉的记忆再现的？有一个例子，这就是法国作家马塞尔·普劳斯特的小说《追求消失了的时间》中的一个故事。这本小说中的主人翁端碗要喝泡着鸡蛋糕的汤药时，这碗药就成了钓钩，引出了被认为永远不会浮现到意识表面的“消失了的时间”的几段回忆：

“可是当他明白菩提树汤药中泡的是婶娘给的一块鸡蛋糕的味道时，婶娘住的那座临街、古老的灰色房子如同戏剧舞台布置般地突然浮现在眼前。这间古老正房后面不远就是为双亲修建的面向庭院的独间小房。与那灰色房子同时浮现出来的还有一座城镇和午饭前我时常去玩的那个小广场，以及无论什么天气我早晚一定要通过的，而人们只有好天气才走的道路。

……

这样一来，我们院里的各种花卉、村里善良的人们、简陋的住房、教堂、整个肯希莱镇，以及附近的一切都轮廓清晰地出现在眼前。城镇和院子也同时从我的脑中浮现出来。”

这时，不必借助意志力，联想就会使过去的情况一个接一个地回忆出来。然而，借助意志时，联想就会十分准确地浮现出所需要的以往的情况。为了创造这样的联想，首先必须注意深入考虑新情景。考虑得深远，联想就会自然而然地浮现，记忆效果也更好。如果使联想进一步扩展，那么思维就会更加体系化，形成条理。具备成体系的知识，而且对情景理解深入的人比不能理解情景的人记忆得好。这是理所当然的。

记性好的真正秘诀，就是根据我们想记住的各种资料来进行各种各样的联想，每种联想成了挂资料的钩子，有了这个钩子，如果资料掉了下来，就能够再把它挂上去。

因此，联想对于巩固记忆和对于后来的回忆都是必不可少的。

即时联想，让记忆立竿见影

所谓即时联想法，就是用身边几种有关联的物品与临时需要记忆的几项内容一一进行联想，从而得以记忆的方法。这种方法常用于记忆生活或工作中随时出现的一些需要立即记住的事情，但对这些事情的记忆并不需要保持得很久，往往是很快就办，办过之后就不必再保持记忆。因而，即时联想法用来作为联想“钩子”的物品往往是临时随意找到，而不是长期固定的。

比如，有一个机关干部，正在聚精会神地工作。忽然，电话铃响了，是他爱人打来的。他爱人在电话中给他下达了3项“任务”：①下班后去幼儿园接小宝宝；②买一瓶酱油；③买两棵白菜。爱人给的“任务”是要完成的，可是刚好这时主任来找他帮助抄写个材料。材料抄完了，下班时间也到了，一出门，猛然想起自己身上还肩负着爱人给下达的3项“任务”。这3项“任务”的具体内容，却想不起来了。任务没完成，不但会给家庭生活带来不便，而且也会因此造成家庭矛盾。那么，在这种情况下，用什么方法才能迅速记住自己要记住的材料呢？

常见的方法是，要想记住妻子下达的3项“任务”，可以立即选择身边3件有关联的物品与所需记忆的内容一一对应建立联想。这些被选择的事物就成为进行即时联想的记忆挂钩。在选择记忆挂钩时要注意，首先，不要选那些离现实太遥远的东西。比如，火星人、宇宙飞船之类。其次，一定要选择相互之间存在某种联系的事物，这样便于回忆。那位干部在接完爱人打来的电话之后，就可以和自己办公桌上平时经常放置的3件东西：墨水瓶、蘸水钢笔、稿纸进行联想。这3件东西既互相关联，又是办公桌上的“常客”，是较好的联想“钩子”。如果要想记住爱人吩咐到幼儿园把小宝宝接回来的第一件事，就可以将其与墨水瓶构成联想。可以设想，墨水瓶就是个幼儿园，小宝宝正在里边玩，好不容易才把小宝宝从窄小的墨水瓶口里拉出来。经过这样一个奇怪的联想之后，第一项任务就不会忘了。记住买酱油这件事，可以设想蘸水钢笔很特别，它从来不蘸墨水写字，而是蘸着酱油写字。第3件事买白菜可以想象成稿纸就是个菜园子，稿纸上的格子就是园子里种的白菜。把买两棵白菜回家，想成到园子里砍了两棵白菜回家。这3组联想完成以后，可以静静地默想半分钟，记忆便形成了。而后，尽可放心大胆地去干别的工作，不必担心忘掉它。下班时，3项“任务”也可能一下子想不起来，但是，一般情况下很容易想起联想的“钩子”。借助这些“钩子”便很容易地把3项“任务”回忆起来，从而圆满地完成每一项“任务”。

在工作中，也常常会碰到一些临时需要记忆的事情，甚至同时需要记住好几件事情。比如，报社的记者外出搞新闻采访。在采访的过程中，往往会遇到一些预料不到的情况，一些事情需要及时记下来。这时，如果再拿墨水瓶、蘸水钢笔等一类的事物做“钩子”，就显得不着边际。这时候，可以用与记忆内容本身有关联的事物做“钩子”，或者干脆就用身上带的东西做“钩子”去构成联想。只要联想得好，回到报社，就能用这些“钩子”，把要记的材料再钩钓出来。

比如，一位报社记者在外地采访，被采访单位的领导陪他在郊外参观。参观时介绍该单位已经完成的项目有：植树 50 万株、修建一条拦河大坝、围成 3 个人工湖、根治了两条水害、每年可以发电 10 亿度。

如果设想，当时该记者随身既没有携带录音机，又没有带笔记本，想要张纸记一下，又不好意思。怎么办呢？如果这位记者运用即时联想法，就可以把上述材料准确无误地全部记忆下来了。

可以设想这位记者把要记忆的材料迅速地与自己的头发、眉毛、眼睛、鼻子、嘴一一挂钩。想起头发，就想起了植树，直立的头发就是无数株大树，无数万株“还原成了”50 万株的谐音，这就记住了第一项。第二项可将修建了一道拦河坝与眉毛构成联想，想象眉毛是一种一字眉（即两道眉毛之间分界不清，连长在一起），一字眉就成了一道拦河坝。第三项将人工湖同眼睛构成联想，设想中的眼睛不是一般人的眼睛，是二郎神的 3 只眼，这 3 只眼睛是 3 个人工湖。第四项，把根治两条水害同鼻子构成联想，想象中的鼻子是伤风感冒后的鼻子，淌着清鼻涕的“两条水害”，感冒治好了，两条“水害”根治了。最后，想象嘴就是一个发电站，一说到“十、一”（10亿的谐音）就发电，这样，一想到嘴就忘不了发了10亿度电。这样一一对应联想完以后，再把这个联想过程默想一遍，需要再现记忆内容时，只要联想到“钩子”忘不了，记忆的5项内容也就很容易地被“钩钓”出来。

在平时碰到类似情况，一些人常常以为该记的东西在当时似乎记住了，可是，过后却又想不起来，这很误事。运用即时联想法可以克服这方面的记忆弱点。当然，由于记忆挂钩是临时选用的不固定挂钩，所以，在选择挂钩时，一定要使挂钩之间以及挂钩与识记对象之间相互联系，挂钩选好后，要仔细回想一下，免得错乱。

定时联想，“自编、自导、自演”的记忆法

有些记忆内容，并不要求人们时时记起，而是需要在某一时候想起来，在这之前不需要天天总去想它。当需要时，通过心理联想来解决的记忆方法，叫作定时联想法。

比如，有一个人购买了100元国库券，在10年后才能兑换。在兑换之前，并不需要这个人时刻记住它。这个人很自然把国库券放在最保险的地方，放在他自己认为除自己外谁也找不着的地方。遗憾的是，10年之后谁也找不到了，连他自己也忘记放到哪儿了，这实在是太糟糕了。如果用定时联想的方法，就可以保证在10年之内不用老想它，而在10年之后的某一天，一旦需要，

马上就能回忆起国库券的收藏地点。定时联想法需要把国库券的收藏地点和国库券本身构成联想。例如，把国库券夹在一本书里，那么，就把国库券与这本书的书名或这本书的主人公构成联想。假如把国库券和这部书的主人公许云峰和江姐构成联想。可以这样联想：“我是一个地下党员，受到党的委派，筹集资金营救许云峰和江姐，使命非常重大，我要把这些资金收藏好。”在这样初步联想之后，还应该进一步把筹集资金打通看守，安排劫狱，营救许云峰、江姐等一系列情景，活灵活现地、生动激烈地进行一番联想。就是说，不要仅仅想“我的国库券为了营救许云峰和江姐”这一句话，因为这样平淡的记忆是容易忘记的，总之，最好把自己当作“电影”中的主人公，身临其境，在脑子里演一场精彩的“电影”。

在记忆过程中，有时还有更糟的情况，那就是10年后，不仅忘记了国库券放在什么地方，而且对有没有国库券这件事本身也忘得一干二净。诸如此类的事情，在日常工作、学习和生活中屡见不鲜。特别是忘记了别人托付给自己的事，更是令当事人烦恼、内疚。例如，有些人出去开会准备会议发言，结果，一入会场才发现自己的发言稿忘记带了。有些人出差，需要随身带些主要文件，本来想好了，可是到达目的地后才发现忘记带来，结果后悔莫及。有时上街买东西，却没带钱包，结果白跑一趟，什么东西都没买成。有时已经上班了，会突然想到家里的窗户可能没有关好，煤气没有关闭，为了避免出事跑回家。结果白跑一趟，窗户关了，煤气也关闭了。这样细小的差错常常给生活带来麻烦和烦恼，甚至失去同事、朋友、邻里的信任，有的人还会被冠以马大哈的“美名”。这对一个生活在现实社会当中的人来说，确实是个不可估量的损失。那么，如何避免上述事情发生呢？定时联想法就是一把灵验的钥匙。

比如，某单位供销科科长经常出差，有时十几天，有时几十天，每次出差他都没有忘记带刮脸刀。同事在议论这件事时，言语中经常流露出对这个人办事仔细、认真的羡慕之情。一些同事问这个科长，出差任务在身，又来去匆匆，为什么总忘不了带刮脸刀这件小事。他笑着说：“谈不上绝招，但是不采取一些方法也是瞎说，我只是把刮脸刀同手提包构成联想，想象我的手提包也长胡子，手提包之所以光滑是由于经常用刮脸刀刮的结果。这样，出差时，我一拿起手提包就很自然地想起了刮脸刀。”

定时联想法可以使那些不必天天想起的事情，在必要时想起来，条件是要把自己纳入联想中去。

对应联想，由此想到彼

对应联想法是指对具备一一对应关系的识记材料，通过联想，使其中的已知内容和未知内容建立联系，从而记住未知内容的记忆方法。

在识记对象中存在着大量具有对应关系的记忆内容。即甲方是已知内容，乙方是未知内容，甲乙双方具有一种紧密相关的对应关系。例如，中国首都——北京（甲——乙），煤都——抚顺，钢都——鞍山，羊城——广州，泉城——济南，美国首都——华盛顿，英国首都——伦敦等，都属于具有这种对应关系的内容。要想记住这些具有对应关系的识记对象，可以运用心象（是输入大脑的外界信息经过加工后转化成的利于储存的形态）联想的方法把已知的甲方和未知的乙方构成联想，只要提起甲方，我们就能够想起乙方。这种记忆方法叫作对应联想法。

例如，选择6个亚洲和非洲国家的国名和首都各相对应：

柬埔寨——金边　　　　泰国——曼谷

以色列——特拉维夫　　马尔代夫——马累

中非——班吉　　　　　埃及——开罗

只要联想能力比较强，很快就可以将以上的对应关系一一构成联想。比如说：

柬埔寨与金边。柬埔寨是个佛都比较发达的国家，最惹人注目的建筑是寺庙，国旗和国徽也是以寺庙为象征。这种建筑很讲究，四周金碧辉煌，闪闪发光，远远望去像镶上一道“金边儿”。这就把柬埔寨同金边构成了联想。

泰国和曼谷。可以用两种方法进行联想，一种是，想到泰国基本上是一个平原国家，边境地带多丘陵，没有太高的山峰，有些山“谷”也是“曼”坡状，这就可以想到曼谷。另外，还可以设想，泰国是一个盛产水稻的国家，经济比较富足，国泰民安，收获季节“漫”山遍野到处是金黄的稻“谷”。这就把泰国同曼谷联想到一起了。

马尔代夫和马累。这个联想就比较直接一些，马儿代替主人——马车“夫”工作，“马”很累。这就很直接很自然地把马尔代夫和马累之间构成了联想。

中非和班吉。可以想象，中非离中国很远，交通不便，一天或一周只能通过一次“班机”（班吉的谐音）来解决交通问题。这就把中非同班吉构成了联想。

埃及和开罗。埃及可以想象为这个国家人太多，国家的高级官员在外出办公务时也“挨挤”，走不过去，没有办法只得鸣锣开道。这样可以轻而易举地把埃及和开罗构成联想。

运用上面这种方法进行记忆，可以丰富包括政治、历史、地理等诸方面的知识。当然，知识越丰富，就越可以熟练地运用这种记忆方法，从而使知识更加丰富。这就如同滚雪球一样，会逐渐使知识达到渊博的程度。

板块联想，实现想象的跳跃

一、对板块联想的认知

板块联想记忆法又可以称作单元编码法。即用一定数量的一组常备固定词语，与一组需要记忆的内容构成联想，这种记忆方法叫作单元编码法。由于这种方法用一些常备的固定词语来记住大量的内容，所以又称之为板块联想记忆法。那些常备的固定词语如同是记忆内容的筋骨、框架。

板块联想记忆法同其他方法一样，也是在学习和工作的实践中，依据记忆内容的特点和记忆活动的需要产生的。比如，在学习哲学、政治经济学、地理、历史、文学等知识时，常常遇到一组组需要记忆的概念、词语或短小问答，这一组组需要记忆的概念、词语和内容就是一个个独立的单元，或称板块。对于一两个单元的内容，要一次记住它们，即使完全依靠死记硬背，也并不是很困难的。但如果一次需要记忆几十个，甚至上百个单元的内容（例如，在应考复习时），由于记忆量的加大，会给记忆带来很大的困难。在这种情况下，可将这些内容集中在一起，用板块联想法来进行记忆，就能大大提高记忆效果。

二、板块联想的注意条件

运用板块联想记忆法，一定要注意以下条件：

第一，用来做“钩子”的词语与所要记忆的内容在数量上必须相等。例如，要识记 7 项内容，那么，被选用当作“钩子”的这组词也必须是 7 个，而不能是 6 个或 8 个。同样，如果要识记 10 项内容，选用的“钩子”也必须是 10 个词。

第二，作为“钩子”的词语，必须是相互关联的。这些词语不是东一个、西一个临时随意拼凑起来的，而是相互存在着约定俗成的关系，同处于一个惯用的固定结构中。

第三，这些作为“钩子”的词语是不需要特别加以记忆的。选做“钩子”的这些词语，必须是十分熟悉、不需要特别加以记忆的。如果“钩子”中的词语尚且不熟悉，需要下一番功夫才能记忆，那么它就失去了“钩子”的意义。

符合这样 3 个条件的词语是很多的，比如，“工、农、兵、学、商”、“东、西、南、北、中”以及“白日依山尽，黄河入海流”，等等。总之，要选择一组与记忆对象数量相等的，最熟悉的固定词语做“钩子”，同记忆对象构成联想从而达到增强记忆的目的，这就是板块联想记忆法。

下面通过几个例子加以说明。

例一，哲学上有这样一个问题：物质运动有几种基本形式？这个问题的答案有5点，即：机械运动、物理运动、化学运动、生命运动（或称生物运动）、社会运动。运用板块联想记忆法就要求找出5个与之有关联的词组成的固定词组，比如：“工、农、兵、学、商”，一一与这5个记忆对象相对应。如下：

工——机械运动

农——物理运动

兵——化学运动

学——生命运动

商——社会运动

由于这5项识记内容的最后一个词都是“运动”，因此，可以把它们简化为：机械、物理、化学、生命（或生物）、社会5个词进行记忆。

先将“工”和“机械”构成联想。可以看出这二者之间是很容易联想到一起的。因此，在这里不再设计具体的联想方式。

“农”和“物理”的联想，初看起来，可能有些困难。但如果对心象联想曾经进行过大量练习的话，是比较容易的。这里可用谐音处理。“物理”可谐音“屋里”。众所周知，东北的农民冬天不做农活，在“屋里”（物理）“猫冬”。经过谐音处理把“农”同“屋里”（物理）联系起来了。可以想象为：窗外大雪纷飞，农民没出工，在屋里烤火。

“兵”和“化学”好不好联想呢？显而易见，也是好联想为“化学兵”、“化学战争”、“化学武器”。为了便于记忆，可以想象得更恐怖、更惊险一些。譬如，可以想象士兵在化学战争中被化学武器伤害的恐怖景象。恐怖、惊险的想象将使记忆更清楚、更牢固。

“学”和“生命”也较易联想，可以想象学习就是生命，一天不学就活不下去。这样很顺利地就把“学”和“生命”联想起来了。

“商”和“社会”可以想象为，在党的十一届三中全会以后，商品经济的发展推动了全社会各行各业的发展。这样，就把“商”和“社会”联想到一起了。

例二，政治经济学中有这样一个问题：货币有几种职能？答案是：货币有5种职能：价值尺度、流通手段、储藏手段、支付手段、世界货币。

运用板块联想记忆法记忆货币的这5种职能，可以用历史上“唐、宋、元、明、清”5个朝代来和它们一一对应，构成联想。对应后是：

唐——价值尺度

宋——流通手段

元——储藏手段

明——支付手段

清——世界货币

用“唐、宋、元、明、清”和货币的5种职能构成联想，显然比前一个例子稍难一些。

先把“唐”和“价值尺度”构成联想。“唐”可以想象为糖果的“糖”，如果一下子联想有困难，可以分为两次联想。“糖”可以先和“价值”进行联想，可以想象。由于作为生产糖的原料甘蔗、甜菜的收购价格提高，使糖的价值增大，糖的售价随着上涨，用一元钱只能买一小包糖。这样，“糖”和“价值”首先构成了联想。紧接着应该把“糖”和“尺度”再构成联想。在这里采用谐音的方法，“尺度”可谐音为“吃肚”。那么可以联想成，糖块价值大，价格高，花一元钱买的一小包糖块，没等尝出什么滋味，就全“吃”进“肚”里去了。这样终于完成了“唐”和“价值尺度”之间的联想。

“宋”和“流通手段”。也可以把“宋”想象为它的谐音送礼的“送”（宋）和“流通手段”，之间可以想象成，一个共产党的地下交通员送一个武工队领导进城执行任务，守城敌军看守很严，没有什么“油水”的老百姓一般进不去出不来。为了进城，交通员只得“送”礼迷惑他们，守城敌军一接到礼，道路就“流通”了，交通员终于把武工队的领导送进了城。“宋”和“流通手段”之间的联想完成了。

“元”和“储藏手段”之间的联想，可以想得很简洁、巧妙。“元”可以想象为元宝。一般说来，元宝较重，古代人很少花元宝，人们往往把零钱换成元宝储藏起来。元宝藏起来，就是元宝在执行“储藏手段”的职能。

“明”和“支付手段”，可以联想为，现在商店已经实现了文明经商，售货员已具有自觉接受监督、检查，在经营中反对拉关系、走“后门”的觉悟。在这种情况下，如果有个人想在柜台下进行暗中交易，肯定会被售货员拒绝，售货员自然叫“来明的，在柜台上”支付。这样就把“明”和“支付手段”联系起来。

“清”和“世界货币”之间可以联想为：清朝腐败落后，世界列强用火药火炮打开了中国的大门，强行建立自己的势力范围。从此，清政府统治下的中国，像是一块肥肉任侵略者享用。通过这个联想，把“清”和“世界货币”联系到了一起。

上述两个例子中的联想，仅仅是无数种联想中的一种。由于这两个例子中的识记对象内容不多，所以较难体现板块联想记忆法的长处，其长处在于，它有利于记忆大块内容。现实生活中，也确实经常遇到要记忆内容多、篇幅长的难题。

下面再举几个记忆内容比较多的例子。哲学中有这样一道题：为什么说实践对认识具有决定性的作用？这个题的答案有 4 个主要观点：实践是认识的来源，实践是认识发展的动力，实践是检验认识正确与否的唯一标准，实践是认识的目的。

可以看出，这道具有论述性的大题与上面两道内容较少的小简答题不一样。假定这道题是 10 分的活，那么，即使答完三四个要点，也只能拿到一多半分。当然，只要掌握三四个要点，就很容易在这个基础上进行阐述、分析，从而拿到高分。板块联想记忆的真正意义就是要把某一问题的大的框架，通过这种方法牢牢记住。如果要记一道大的论述题，又不归纳这道题的框架，那么，就会出现本来复习时记得很牢固、很清楚的东西，结果拿到考卷后却遗忘了一些要点又无从想起的困境。要想克服记忆活动中回忆阶段所遇到的这种困难，采用板块联想记忆法是再好不过了。应该强调的是，记忆一定要以理解为基础，如果对问题毫无理解，单靠死记硬背，就是使用板块联想记忆法，也不会收到好效果，而且死记硬背的方法也不足取。以“为什么说实践对认识具有决定作用”一题为例。本题有 4 个要点，因而要选 4 个相关联的词与这 4 个要点构成联想。如果选用“多、快、好、省” 4 个字做“钩子”和 4 个要点一一对应的话，自然是用“多”联想“来源”，用“快”联想“动力”，用“好”联想“唯一标准”，用“省”联想“目的”。

用“多”和“来源”的联想，做如下具体的想象：家里请客吃饭，菜做得很“多”，做了这么多菜的原因，很自然“来源”于客人“多”的缘故。

“快”和“动力”的联想，可以想象为由使用先进的炊具做饭，比如，用高压锅、电饭锅，或烤炉、烤箱等，有了新的“动力”，做饭就快了。

“好”和“唯一标准”的联想很简单，可以想象为做饭的“唯一标准”是要做好。

“省”和“目的”的联想，可想为做好这顿饭的“目的”之一，是不能太浪费、太铺张，要尽量“省”着点儿。

当然，不一定非用请客吃饭进行联想，也可以用其他的方法。诸如，发明创造、技术改进等一些新内容也可以。作为“钩子”的词语也可以用“衣、食、住、行”，等等。

如果用革新、创造的内容可以这样想，一个人搞革新、创造，就得“多”搜集材料，“多”疏通材料“来源”的渠道，做到水到渠成（多——来源）。如果有新“动力”，有了充足的能源或较好的机器，革新就“快”了（快——动力）。或联想成以“实现四化、振兴中华”为“动力”，那么，革新的进展速度会大大加“快”的。革新的“唯一标准”应该是“好”（好——唯一标准）。革新的“目的”，要考虑到“节省”而不是浪费（省——目的）。

物象联想，轻而易举把信息输入到脑细胞内

我们一切记忆的基础均与联想有关，这里所说的联想，就是连接物象的联想，掌握了这个联想的法则并加以应用就掌握了记忆的一般技巧。

一、观念与体验的联想是记忆的基础

在增强记忆时，联想是连接在“意图”、“注意”、“意义”之后产生的，即把联想前后各项结合成为统一体，通过联想，在心中把思维联系起来，这样，某一种思想可以与之相结合的其他思想就能在心中再现。例如：在学习世界地理时，为了记住意大利半岛的形状，你可以在心中描绘一个长筒靴，就是这个道理。

又比如，瑞士和法国国土是什么形状？能即时回答出来的，只是很内行的地理通，一般人不知道，那是不足为怪的。然而意大利的形状则一般人都知道，这是为什么呢？因为如人们说的它像个长筒靴，而长筒靴又是人们所熟悉的形状。把它与意大利的形状联结起来，人们就总也忘不了啦。

心理学家哈利·罗莱因先生说：“记忆的基本规律，就是把新的信息与已知的事物进行联想。”

遇到陈静先生时，为了不忘记叫他还书，于是就想象熟知的陈静先生的脸相，设想在他的脑袋上，放上他要归还的那本书的物象。这样，在一旦见到他时便想起来了。

为了不忘记传达“科长回来的时候处长有请”时，该怎么办呢？这只要想象科长在处长面前点头哈腰时的情景就可以了。这样，一旦见到科长时，马上就会想起来。这是由于利用了一个思维唤起另一个思维的原理，把两件事用物象联结起来的缘故。

可是，我们自发地进行的联想，多半是非常散乱的、漫无计划的。常常有这种情形，看到舢板，就想起了忘记领出差费；和人进行无关的谈话时，不知为何会突然想起了忘记给交易对手打电话。

所以，把这个联想加以系统化，就可以成为记忆的工具，能够使记忆力增进几十倍。

方法是先通过具体的有形的东西作为联想的练习，以掌握基本要领。接着再把思维、概念之类的无形的东西加以物象化。

物象法不单对增强记忆力有帮助，在运动技术的练习中，也能收到与实际练习同样的效果。有人曾举过下面的例子。

把篮球的罚球训练分作下面的三个组进行。

A 组进行了 20 天，每天 20 分钟的实际练习。B 组这 20 天里什么都没有练。C 组在这 20 天里每天只练投篮的物象动作。

然后再把各组的第一天和第 20 天的得分加以比较。

流了汗的 A 组得分率提高了 24% 。什么都没做的 B 组，当然毫无进步。只练习物象动作的 C 组，得分率提高了 23% 。

可以说这是惊人的成果。这个物象训练法，称为“心理排练”，现已渐次被各界所采用。只要弄通这个诀窍，那就好极了。不管是在上班乘坐的电车里，也不管是在被窝中，都能够进行打高尔夫球和游泳的物象化练习。

那么在那种用头脑比赛的场合怎么样呢？美国《读者文摘》杂志曾登载的约瑟夫·费立普斯的《国际象棋——人们把它叫作比赛》一文中说：国际象棋好汉中最强的恰帕布兰卡，被近乎无名的选手阿尔卡因夺走了冠军。究其原因，据说是阿尔卡因在与恰帕布兰卡决赛之前，稍稍改变了一点战术。他跑到乡下去，戒了烟、酒，通过体操活动做好了赛前的身体准备，在脑子里专门做了针对国际象棋赛的物象训练。

围棋和象棋的能手们，也都利用这个物象法。如前所述，把招数和过去的棋谱牢牢地记住，不断地在脑子里描绘它，在没有棋盘和棋子的地方也能从事训练。

据说世界著名钢琴家阿尔托尔·修那贝尔，当人们问他是不是比别人练习得少时，他回答说：“我在脑袋中练习呢。”

要使离奇的物象能够源源出现，头脑必须灵活。年轻的时候可以自由地表达思想，孩子们能够用奔放的想象力描绘出稀奇古怪的物象。但是加入社会组织的、富有阅历的大人，其判断力妨碍了想象，只能描绘出通常的物象来。

二、用物象法记忆最有效

说到记忆，并不光是指记忆百位数字和英语单词，有时说的是身体“记忆”。

患记忆丧失症的人会做出和普通人一样的动作。尽管有 20 年没打棒球和高尔夫球了，身体却还能“记住”那些关键动作。正如人们常说的一句话，叫作“锻炼有素”。已经掌握的技术，即使本人想把它忘却，身体可仍然还“记得”。

练高尔夫球时，教练会告诉你：怎么握球杆，怎么摆正打球姿式、臂肘姿势等。尽管你受到这种种指导，但一下子怎么也记不住。这时有个最有效的办法，那就是通过物象去抓住整体。

在高尔夫球教练中，被誉为泰斗的日本人小松原三夫先生，就是用这种物象法教学而收到成效的。比如在教立姿的时候，说腰要怎样，脚要怎样，反而使初学者得不到要领，小松原在教这个基本动作时，是这么做的。

“比如，地面上有一块大石头，要用两手把这块石头抱到齐腰高。请实际做一做。”

“首先是姿势，臀部要稍微突出，两膝稍微弯曲，轻挺脊梁，做搬起一个很重的石头的姿势。”

在搬起重物时，腰要尽量往上挺，而且两膝要往前弓，不能挺直。不这样，重物就搬不起来。

挥棒，是物象学习的另一课题。

“把橡皮下端固定住，把上端用力扭上去，这个橡皮就有一股还原的力。如果这时橡皮的下端没有固定下来——不用说，就会如同旋转木板一样，没有还原的力产生。”

“升始打高尔夫球时，从向后挥棒，到向下挥棒，可以说与这是一样的。”

“把人的身体看作橡皮，相当于下端的，就是身体的下半身，扭动的上端就是双肩。因为人身也是一块弹性体，上半身一转动，还原的力当然就会发生作用。”

从向后挥棒到向下挥棒，球棒甩得很圆滑，但打的球却大大偏右飞掉了，这样的事也不少。虽有种种原因，结果还是球棒的正面偏右所造成的。矫正的办法，是运用物象法，把球棒正面当作团扇，在撞击的时候，选择球棒正面当风处接球。要做这样的物象练习。

当然，不光是身体的运动问题。象棋和围棋复杂的棋局，看一眼就可把它全部记住的职业棋手，把很长的台词能流畅地背诵下来的演员，便都是在不知不觉中使用了这一方法。

三、用卡片进行物象联想的基本训练

进行正式的联想练习，只要利用单词卡片就可以了。

首先准备 50 张到 100 张单词卡片，在正面写上物品名、人名、地名等各式各样的词语。也可以从小百科辞典中适当地抽些词语写好。

把这些卡片都翻过来，像玩扑克牌一样把它们打乱。然后，从中抽出两张做一组。在不太熟练之前，抽出 10 组就可以了。

然后两张两张地翻过来，做物象联想，想好之后又倒扣过去。把一组组都看完之后，看着一组中一张卡片的正面，记忆倒扣着的另一卡片的词语。

这样，把说中了的卡片放在一边，没说中的再做一次。如此越做越熟，说中的组数不断增加，不一会儿就能把 50 组都说中。

开始时以选择物品和动物的名字，即容易构成具体物象的词语为好。有了自信之后，就向抽象的难以浮现物象的词语挑战。

比如，把“记忆”、“学习”、“减税”、“艺术”、“石油危机”、“伊拉克危机”等词语做联想时就感到很难。

当然，这些卡片若不常常更换，就记住那一点也没有用。如能从自己专业手册或小辞典中抽出词语来进行练习，就能收到一箭双雕之功效。

而且做这种练习不仅可以自己做，要是能请人帮忙，效果就会更为显著。因为自己做的卡片，会在某种程序上记住，易于构成表象。

让朋友或是别人说两个单词，同时把它记下来。自己则很快地进行联想。做会之后要他说下一组，这样反复练习了二十来组之后进行测验。让对方念一组单词中的一个，自己来猜另一个。

正式的物象联想训练就是这样进行的。重要的是按着规律，把无论什么词语的物象，都能自由自在地迅速浮现出来。如果不把这基本点弄通，就跳不出仅能就特定事项“表演记忆法”的圈子。

总之，联想要奇特。越能轻易地描绘出奔放无拘的物象的人，想象就越丰富。归根到底，这样的人才能充分发挥记忆力。

第五章
方法对了，过目不忘不再是难题

如何科学有效地提高记忆力，是每个人都要面临的问题。有些人在提高记忆力的道路上走得很辛苦，不但没有达到目标反而把自己的心情折腾得一团糟。之所以会出现这种原因，关键在于没有用对方法。可以说，正确的方法，对提高记忆力，实现过目不忘的愿望，起到至关重要的作用。

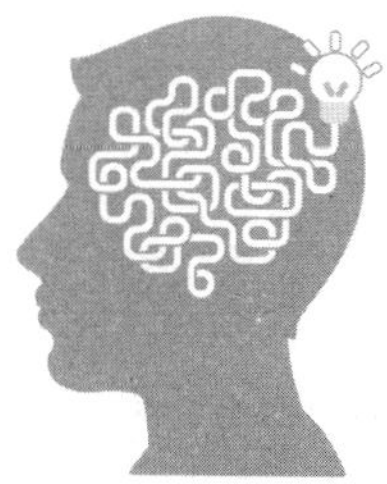

对记忆材料分类，越清晰越好记

人们在记忆较多的信息时，为了有效地提高记忆效率和记忆效果，通常会对记忆材料进行重新组织和分类编组，这种方法叫作分类记忆法，也叫系统记忆法。

一、分类记忆的作用

对信息的分类，是指按照信息的某些本质或非本质的特征，找到记忆材料之间的共同点，将记忆材料进行科学的排列和组合，从而把零碎和分散的信息集中在一起，把杂乱无章的信息变得有条理。经过分类的信息，会变得更加概括化、条理化和系统化，从而减轻大脑的负担，提高人们的记忆效率。

想要让记忆变得更有效率，就必须将输入到大脑中的信息进行分类和整理，并且构建成系统。外界输入到大脑中的信息，有很多是需要人们记忆的。但是，这些信息并不会按照人们喜好的方式进入到大脑中，也不会为了适应人们的记忆特点而有条理地进入到大脑中，而是所有信息结合在一起，没条理、没规律、杂乱无章地输入。处于这样一种状态下的信息，如果不进行任何处理就直接去记忆，可能会有一定效果，但是绝对不可能把信息全部记住，同时也很容易造成大脑疲劳，对记忆效果产生严重的影响。在这种情况下，必须对信息进行有效的加工编码，重新、系统地进行组织和分类，从而促进记忆，提高记忆效率。

二、为什么分类能提高记忆效率

为什么经过分类之后的信息，会更方便人们记忆，并且能提高记忆效率呢？

1. 分类记忆法的基础是脑神经生理学

对信息进行分类，主要目的是为了让信息变得更加系统。脑神经生理学认为，记忆系统性的信息，能够在大脑中形成系统化的暂时神经联系，而零散性的信息，只能在大脑中形成个别的、独立的神经联系。相比较而言，系统性的神经联系会让人们的记忆变得更快、更有效率。

2. 分类后的信息更方便人们进行联想

想象力是记忆的来源，通过联想，人们能够在信息之间建立一定的联系，从而帮助人们记忆。而把信息进行分类，恰恰就能够让人们在进行联想时更轻松。举个例子来说，假如人们需要记忆香蕉、毛巾、狮子、电视、冰箱、牙刷、苹果、老虎、香皂、洗衣机、豹子、沐浴露、橙子、狗熊、电饭锅、橘子这 16 个词语，如果不对这些信息进行改变，只是按顺序去记忆这些词语，那么人们很可能只能记住 7 个左右的词语。因为每一个词语都相当于是一个组块，这些词语进入大脑中主要储存在短时记忆当中，但是短时记忆只能容纳 7 个组块的容量，我们记忆的内容不可能超过这个容量。这时候，就可以把这些词语进行分类，根据各种具体事物之间的联系，这 16 个词语总共可以分为 4 类，其中苹果、香蕉、橘子、橙子属于水果类，毛巾、牙刷、香皂、沐浴露属于卫生用品类，老虎、狮子、豹子、狗熊属于动物类，电视、冰箱、洗衣机、电饭锅属于家用电器类。这样分类之后，原来的 16 个单独的组块就变成了 4 个大的组块，而短时记忆中储存的组块数量虽然有限，但是每个组块的大小却没有任何限制，因此，4 个组块很方便人们进行记忆。同时，当人们需要回忆这些词语的时候，由于相互联系的词语是共同记忆的，因此只要回忆起其中的一个词语，就一定能够想起另外几个，这也是对人们记忆能力的一种提高。

3. 分类是信息编码的一种主要方式

输入到大脑中的信息想要变成人们的记忆，就必须要先进行编码。分类作为信息编码的一种主要方式，自然有助于人们的记忆活动。

4. 分类本身就是记忆过程中应该遵循的一条重要原则

人们记忆信息的目的最终是要为日常的生活、工作和学习服务。如果人们直接去记忆那些杂乱无章的信息，非常麻烦，甚至有时候会比人们在日常生活、学习和工作中遇到的问题还要麻烦，如果是这样，人们进行记忆活动还有什么意义呢？所以，一定要把信息进行分类之后再记忆，这样就能够省去人们很多麻烦。

当然，分类也不是随便怎么分都可以的，如果分类之后的信息依然杂乱无章，对人们的记忆没有任何的帮助。想要让分类后的信息真正帮助人们记忆，就必须在分类时遵循同类相属、异类相别的原则，找准信息之间的本质和非本质的联系和特征，根据这些特征，将信息进行分类、分科、分种、分项。

三、分类应遵循的原则

那么，分类记忆要坚持怎样的原则呢？首先，信息分类之后的数量最好不要超过 7 个。短时记忆是人们在记忆的过程中不可缺少的阶段。但是，短时记忆的容量毕竟只有 7 个组块，因此，想要让记忆变得更有效率，分类时就不要超过 7 组。其次，要对信息有充分的理解。分类是需要遵循信息之间的联系和特征的，而理解信息，主要就是为了找出信息之间的联系和特征。因此，对信息理解得越深刻，人们对信息进行分类时就越轻松，记忆也就越有效率。再次，要准确选择分类的依据。不同信息之间的相同特征和联系可能有很多，但是，却并不都适合作为分类的标准，必须要根据记忆信息的数量和种类，寻找到信息之间最鲜明、最有特点的内在和外在的联系，以此作为信息分类的依据。当然，如果想要达到最佳的记忆效果，最好还是按照事物的内在联系来对信息进行分类。

在分类记忆的时候，并不一定非要把有联系的信息放在一起进行记忆，很多时候可以把一段有顺序的信息从中间划分成几个部分，比如说人们记忆电话号码或者是其他的一些号码时，通常就会把号码分成几个部分，每个部分中包含着几个数字这样去记忆，而不是单独记忆每个数字。这其实也是一种对信息进行分类的方法。

事实证明，分类记忆对于人们识记信息，以及在大脑中提取信息都有重要的帮助。经常运用分类记忆的方法，不但能使大脑中的知识系统化，同时也能够使人们的大脑科学化，对人们养成科学的思维习惯有重大的帮助。

网络让记忆四通八达

“小小诸葛亮，稳坐中军帐。设下八卦阵，单捉飞来将。”这是一则谜语。你猜猜是什么？“蜘蛛！”聪明的读者马上会脱口而出。是的，是蜘蛛。蜘蛛真是动物界的能工巧匠，那新织出的网简直像件玲珑剔透的工艺品。正是靠这张“八卦阵”，蜘蛛才能捉住“飞来将”。

“赫哲人撒开千张网，船儿满江鱼满舱。”这首《乌苏里船歌》把人带到了一个壮阔辽远、心旷神怡的境界。你想想，他们为什么不垂钓钓鱼、挥起叉子叉鱼呢？原因就在于渔网捕鱼效率高。

“八卦阵”也好，“千张网”也好，都是为了更多地捕捉“猎物”。同时，它们还给我们以宝贵的启示，那就是运用网络记忆法。

一、网络记忆法的作用

任何知识都不是单独孤立的，都可以编织在某个网络之中。利用知识的网络性可以由此及彼，举一反三，系统地掌握科学知识，提高记忆的效率。例如，世界上有自然科学、社会科学、思维科学、数学等几大类知识，哲学则是它们的概括和总结。这些知识门类之间有着密切的网络联系，如自然辩证法是自然科学与哲学的结合，数学辩证法是数学与哲学的结合，历史唯物主义是社会科学与哲学的结合，心理学是自然科学、社会科学、思维科学、数学的结合。了解了它们的相互关系，对记忆是大有益处的。

网络记忆法具有“纲举目张”的特点，东汉经学大师郑玄在《诗谱序》中曾说过：“举一纲而万目张，解一卷而众篇明。”他是说，知识的网络之间虽然纵横交错，但是条清理顺。只要抓住主要的关键部位，那么，次要的，从属的部分便会顺理成章了。这道出了网络法的优越性，网络法与提纲法很相似，有人就统称为“提纲网络记忆法”。我们把两者分开，主要是强调提纲法的纵向线索的一面，突出网络法的横向联系的一面。

二、网络记忆法的特点

网络记忆法是一种科学的记忆方法，它具有直观性、概括性、条理性三个特点。

1. 直观性

网络图上线条清晰，便于直接观察，纵横关系，一目了然，同时还打破了正常行文的常规，给人以清新之感，所以能给人留下深刻的印象。

2. 概括性

编结网络的过程就是对材料施行高度压缩，使其化繁为简的过程。通过网络，可集知识之精华，览材料之概要，自然便于记忆和掌握了。

3. 条理性

网络具有鲜明的条理性，概括出网络图后，突出了材料的层次，各层次之间的关系就显露得十分清晰，抓住这些条理，在回忆时就可以“按图索骥”了。

美国近代心理学家杰罗姆.S. 布鲁诺认为，人类记忆的首要问题不是贮存而是检索，而检索的关键则在于组织，获得的知识如果没有纳入头脑中已有的知识结构，那么迟早会归于遗忘。这就告诉我们，善于把零散的知识编织成网络，是巩固记忆的重要措施。

三、如何运用网络记忆法

那么，怎样运用网络记忆法呢？建议你采取如下方法：

(1) 掌握识记材料之间的关系，通过比较列表等方式，对识记材料进行系统组织，从而为编织网络提供主干线。

(2) 把识记材料纳入大脑原有的知识结构之中，对知识分析、加工、归类，使其条理化，从而提高大脑对信息的组织能力。

(3) 深刻领会和把握材料，自己动手编织网络，然后和别人探讨，以求得记忆网络的科学化。

可以说，编织网络就是记忆能力的自我开发，让我们做一只辛勤的“蜘蛛”，把知识编织成网，并且用此来捕捉更多的信息！

抓住提纲就等于抓住记忆的根本

一、提纲记忆的作用

提纲记忆法就是指通过对记忆材料的分析和总结，将其归纳成提纲的形式进行记忆的一种方法。这种方法不仅能够促使人们对记忆材料进行深入的思考，加深对记忆材料的理解，同时也能将材料中的知识系统化，按照一定的顺序储存到自己的记忆库中，无论是对保持记忆还是对回忆，都有一定的好处。实际上，编写提纲本身就是一个加深对记忆材料的理解和巩固记忆的过程，从这一点上来看。提高记忆法确实是有助于人们记忆的。

使用提纲记忆法时，最重要的步骤就是编制提纲。编制提纲的主要目的是对记忆材料进行分析、综合和概括，主要的作用是体现材料的主要内容、精神实质以及相互之间的逻辑关系，同时也能体现人们自己的语言风格，使材料更符合自身的记忆特点，最终提高自身的记忆效果。

二、编制提纲为什么能提高记忆效果

第一，提纲是对整个材料的概括，因此线索清晰，内容简便，方便人们直接观察。

第二，虽然与整个记忆材料相比，提纲的内容简便，但是，它却概括了记忆材料的全部内容，也就是说我们记忆提纲和记忆完整的记忆材料的效果是一样的，但是记忆提纲却能节省很多时间。

第三，提纲像正常的文章那样，时间、地点等各种因素俱全，它只要概括出主要内容就可以，因此在行文上异于常规文章，同时因为篇幅短小，有一种“小清新”的感觉，能给人留下深刻的印象。

第四，编制提纲，能够把记忆材料内部的各种联系全部整理清楚，使人们分清材料内容的主次，条理分明、层次分明，做到有针对性地记忆，加快记忆过程。

第五，提纲语言简洁，表达意思直接明了，集中了材料中所有内容的精华，自然方便人们记忆。

三、如何利用提纲记忆法

提纲记忆法条理分明，虽然简化了记忆材料，却保留了记忆材料内部的联系，是提高记忆效果和记忆效率的重要方法。那么，究竟应该怎样运用提纲记忆法呢？

1. 准确了解记忆材料

要熟读并且分析记忆材料，找到记忆材料内部的各种关系和其基本的脉络，为编写提纲打下坚实的基础，并做好充分的准备。提纲毕竟是对记忆材料的概括，因此熟读并且掌握记忆材料的主要内容是十分重要的；另外，所谓概括，既不能脱离原材料的主要内容，又必须要把整个材料内容用简洁的语言表达出来，这就要求我们必须对材料进行分析，找准材料中的主要内容和主要关系，这样才能编制出最准确的提纲。

2. 对记忆材料进行概括和综合

这是使用提纲记忆法最主要的步骤。在概括材料时，一定要抓住记忆材料的重点和主干，并且把要记忆的材料纳入到大脑原有的知识中，使其变得条理化。只有对材料进行概括和综合之后，才有了编制提纲的根据。

3. 对记忆材料进一步编制

在深刻理解材料内容，把握材料中的各种关系的基础上，用文字的形式编制出提纲。要用自己的语言，把经过分析和综合并储存在大脑中的内容表现出来，甚至在有必要的情况下也可以和别人进行讨论，避免自己编制的提纲不够完美。

这样编制完成提纲之后，就为人们使用提纲记忆法进行记忆打下了良好的基础。然后，只要按照提纲进行记忆，记忆材料中包括的所有主要内容，我们就全部都能记住。

编制提纲并不是千篇一律的，必须要根据记忆材料的具体篇幅、分量、内容等实际情况进行编制。同时，要根据记忆材料的主要内容，分清主次和关系，明确各个部分内容在材料中所占的地位，以主干为中心进行编制。同时，提纲是为自己服务的，因此必须要用自己的语言进行编制、概括和表述，这样才能最有效地提高记忆效率。当然，使用提纲记忆法之后，复习必不可少，如果不复习，即便是提纲做得再简便、再方便，一段时间之后仍然会忘记材料的内容。

做出列表，记起来既方便又快捷

你一定常去图书馆吧！那数以万计的图书层层叠叠地排放在书架上，令人眼花缭乱，感到目不暇接。但是莫发愁，只要你写清书名及编号，图书管理员很快就会把你需要的书送到你的眼前。他们之所以能做到查找迅速，主要是因为那些书都是分门别类存放的，看起来密密麻麻，实际上井然有序，坐标清楚。如果杂乱无章地随便堆放，甭说偌大的图书馆，就是小小的书箱书橱，也难以很快地找到你所需要的书籍。

记忆也是这样。有人比喻说："记忆是智慧的仓库。"那么，怎样往这个仓库中存放"货物"呢？这其中实在大有学问。经验告诉我们，只有把识记材料或事物在大脑中有条不紊地贮存，才便于在需用时顺畅地提取。要做到这样，必须采用好的方法。行之有效的列表记忆法就是帮助识记材料恰当存放，方便提取的好形式。

一、列表记忆的作用

在实际生活、工作和学习中，列表法在热情地为人民造福，为社会服务，真是触目皆是，须臾难离。如饭店有《主副食价格表》，旅馆有《旅客登记表》，影院有《影片预告表》，车站有《列车时刻表》……在我们的学习过程中，列表法发挥的作用更大。就以商务印书馆出版的《新华词典》为例吧，光是在附录部分中，就有《常用标点符号用法简表》、《现代汉语语法简表》、

《我国历代纪元表》、《世界各国和地区面积、人口、首都（或首府）和同我国建交日期一览表》、《计量单位简表》、《国际音标表》等十几种。如果在学习中遇到有关的疑难问题，随手可查，立待解决。

列表法在我国源远流长，列表法的应用更是由来已久。你读过司马迁的《史记》吗？在这部鸿篇巨制中，司马迁就开了列表法的先河。他写有《十表》，把历史上重要的事件、人物按年代、分地区用表格的形式清晰地表示出来。其中一种是大事年表，分事件按年代记述；一种是人物年表，分国家按时间记述。《十表》这种列表法对《史记》及先秦史书起到了索引指南的作用，使知识系统化、条理化，简单明了"一观诸要"（司马迁《史记》），因此深为后人所赞赏，仿效者绵绵不绝。

列表还是革命导师们常用的记忆和学习方法。马克思在晚年时，仅仅为了"个人的理解"，就曾花费很大的精力编制了一部详尽的世界史年表，后来，恩格斯把它定名为《编年史》。列宁在学习和研究历史时，也主张作历史大事对照年表。比如，他在《关于帝国主义的笔记》中作过《1870 年以来世界历史主要资料综合试作》的历史年表；在《帝国主义是资本主义的最高阶段》中制过《列强的殖民地领土》的统计图表。由此可见列表法的实用性和普遍性。

二、如何使用列表记忆法

列表法的使用范围广泛，类型多种多样，制作上不拘一格，"各有千秋"。下面介绍几种。

（1）一览表。“会当凌绝顶，一览众山小”。一览表就是站在统观全局的高度，对识记材料进行鸟瞰，掌握其相互之间的关系，以便于全面地进行记忆。

（2）系统表。荀子说：“善学者尽其理，善行者究其难。”我们学习任何一门知识，都应该大处着眼，使其系统化，列出系统表，这样最便于掌握和记忆系统知识。

（3）比较表。利用列表对材料进行比较和分类，从特征上掌握识记材料。

（4）统计表。统计表是人们生产、生活中常用的一种表格，我们这里主要指的是把带有数据的识记材料制成表格。当然，这类表格并不需要通篇记住，往往只需要记住其中的几个数据即可，但是，经常编制或收集这类表格，是记忆外储的一种好形式，需用的时候检索出来，会给你带来意想不到的收益。

列表法的形式很多，决不仅限于上述几种。建议你在学习中最好自己动手归纳整理。因为你在查找资料、分类归纳和编制表格的过程中，大脑已经进行了积极的思维，使知识不断的简单化、条理化、特征化，等一张表整理出来，这些知识自然而然就记住了。

以形象为基础进行记忆

形象记忆法就是通过对信息和一些具体形象之间的联想，来帮助人们记忆信息的办法，它是形象联想原则的实际应用。形象记忆法能够核实人们要记住的每件事物。

一、对形象记忆的认知

想要了解形象记忆法，必须先要清楚什么是形象记忆。形象记忆的主要内容，是人们自己感知过的事物的具体形象。比如说我们想要记住一个人，就需要记住这个人的具体形象，包括容貌、仪态；想要记住一种水果，就需要记住水果的颜色、形状、味道等。注意，必须记住一些具体直观的形象，才能够记住这些事物。形象记忆是随着人们形象思维的发展而发展的，和形象思维有着十分密切的联系。形象记忆以视觉形象和听觉形象为主，当然，由于人们从事的职业不同，一些特殊职业的人，在嗅觉等其他方面的形象记忆，也能够达到一定的高度。

形象记忆主要是针对一些抽象的记忆材料和事物，它也是一种常用的记忆方法。当然，用形象记忆的方法去记忆抽象的信息，有一个很重要的前提条件，那就是把抽象的信息形象化。

形象化就是指把记忆材料和事物，同人们能够看到的图像联系起来，把复杂的记忆材料和事物转化成图片或者图表的形式。一般来说，具体的图像比抽象的观点和理念更不容易忘记，就像我们听别人说一个人和我们真正见过一个人，产生的印象是不同的道理一样，我们对自己用眼睛看到过的人印象会更深刻。

事实上，这里所说的形象记忆法，主要应用在记忆抽象的记忆材料。这种方法主要有三个好处：第一，让人们在记忆事物和信息时更有秩序，避免因为混乱和毫无章法的记忆，造成人力和物力上的损失，比如因为没有记住某个地点而造成的东奔西跑的情况，会导致金钱和资源的浪费；第二，有助于人们记住一个完整过程的各个阶段，就像是做一件事情第一步要做什么、第二步要做什么等一样；第三，是能够减少自己的担心，很多时候，对某些事情记忆不清楚，会导致人们心绪不宁，比如说人们早晨出门一段时间之后，可能会突然想不起来自己早晨离家的时候，到底有没有关门。这些其实都是一些没必要的担忧，如果知道我们能用形象记忆法记住这些事情，那么当我们需要回忆信息的时候，就只要回忆大脑中有没有信息的图像，这样就能够免除那些不必要的担心。

形象记忆法的基础是形象联想。要运用形象记忆法，必须要让被记忆的事物在大脑中形成一个清晰的形象。但是，很多时候人们需要记忆的事物并没有具体的形象，这就需要人们发挥想象力，把需要记忆的事物和已经知道的事物形象联系起来。或许有人认为，这种联想必须建立在一定的逻辑关系的基础上，比如太阳，就应该把它联想为一个圆形的事物。但是事实上并不是这样，运用形象记忆法时所进行的联想，完全不用去考虑信息和具体事物的形象之间，是否具有逻辑关系，它不一定是在人们印象中的那种正常的联想，可以是滑稽的，也可以是可笑的，甚至可以是牵强附会的。总之，只要人们联想出来的东西对人们记忆信息有帮助，没有任何形式的限制。

二、运用形象记忆应注意的事项

所有的记忆方法、记忆手段和记忆策略的目的，都是为了让人们的记忆不出现漏洞，形象记忆法也是一样。虽然形象记忆法的使用方法很简单，大多数人都可以应用，但是如果在使用时受到一些意外因素的影响，形象记忆法是不能起到帮助人们记忆效果的。因此，在运用形象记忆法时，有几点重要的注意事项。

第一，形象联想可能是没有任何逻辑关系的，因此对于人们大脑中的那些不合理的、稀奇古怪的、不合逻辑的联想，不应该拒绝和排斥。在现实生活中，一些不符合实际情况和逻辑关系的联想总是会遭到别人的嘲笑，甚至有时候人们自己有这样的联想时，自己都会感觉到可笑，可能还会认为自己很愚蠢。但是在记忆领域内，这样的联想是正常的，它能够提高记忆效率，改善人们的记忆力。

第二，不能随意加速形象联想的过程。俗话说熟能生巧，任何事情做的次数多了，都会变得熟练，速度也会变快。形象联想的次数增加之后，联想的速度同样会变快。但是这种快却并不是人们所需要的。想要让信息变成长时记忆，并不是瞬间就能完成的过程，这其中需要自身的努力和足够的时间，单纯地提高形象联想的速度，并不会起到任何效果，甚至还可能会产生负面的作用。

第三，形象联想附加评论和一些情感上的判断，也能加深记忆。记忆具有个性化的特点，而对形象联想附加评论和一些情感上的判断，恰好会使记忆信息变得更富有个性化，更方便记忆。

第四，要有足够的耐心和毅力。人们无论做什么事情，想要取得成功，都需要足够的耐心和毅力，记忆也是一样。如果因为使用了形象记忆法，但是却没有能够记住某些信息，或者因为觉得形象记忆法非常麻烦，就不再选用形象记忆法去记忆信息，那就永远都不可能学会使用形象记忆法。

有舍就有得，记住该记的东西

你看过风靡世界的《福尔摩斯探案集》吗？其中最著名的一篇当首推《血字的研究》吧！在这个故事里，举世闻名的大侦探福尔摩斯说了这样一段话："我认为人的脑子本来像一间空空的小阁楼，应该有选择地把一些家具装进去。只有傻瓜才会把他碰到各种各样的破烂儿全部装进去。这样一来，那些对他有用的知识反而被挤了出来；或者，最多不过是和许多其他东西掺杂在一起。因此，在取用的时候也就感到困难了。所以，一个会工作的人，在他选择要把一些东西装进他的那间小阁楼似的头脑中去的时候，他确实是非常仔细小心的。"这里，福尔摩斯提出了选择学习和选择记忆的问题，确有价值，发人深省。

一、选择记忆的作用

生理学和心理学研究都证明：人的记忆潜力是巨大的，但是每个人的时间和精力却又是极其有限的。正如庄子所说："吾生也有涯，而知也无涯。"看来，这确是摆在人们面前的现实问题。那么，怎样正确地发挥自己的记忆潜力呢？真应该动动脑筋。常识告诉我们：就记忆而言，人的大脑并不是孤立的、静止的、空空如也的"小阁楼"；就学习而言，任何人也没有必要把所有的知识都一字不差地贮存进大脑中。所以，即便大脑中还有许多有待开拓的处女地，人们也不能无所不记，而应该去记忆那些最有用，最精华的知识，这才是科学的态度。

近年来，科学技术日新月异，一日千里，各种知识正以核裂变的形式急骤增长。资料说明：全世界现有科技期刊3.5万多种，每年发表的包含新知识的科学论文约500万篇，每年登记的发明创造专利就有30多万件，怎样对待这种“知识爆炸”的形势呢？我国古代学者早就认为：天下书是读不尽的，读书先务精而后务博，有余力乃能纵横。这就要求我们有选择地学习，有选择地记忆。

你知道华罗庚教授发明的“优选法”吧！优选法可以帮助我们合理地安排实验，在较短的时间内找到合理的配方、合适的条件、科学的捷径。选择记忆可以说就是在记忆领域里进行优选，即把最需要的、最实用的材料输入大脑，贮存起来，以使记忆效果更加集中和突出。

读书有舍才有得，泛览不如一精。古今许多名人学者都深谙此理，并循之行事。我国古代学者冯班说：“开卷疾读，日得数十卷，至老死不懈，可日勤矣，然而无益。此有说也：疾读则思之不审，一读而止，则不能识记其文，虽勤读书，如不读也。”著名科学家爱因斯坦的传记中记载了他的学习方法：“在所阅读的书本中，找出可以把自己引到深处的东西，把其他一切统统抛掉，就是抛掉使头脑负担过重的一切。”他需要的是“真正带有根本性的最重要的东西”，而不是那些“可有可无的广博知识”。清代“扬州八怪”之一郑板桥曾针对“无所不诵”发过一番议论，他说：“……篇篇都读，字字都记，岂非没分晓的钝汉！更有小说家言，各种传奇恶曲，及打油诗词，亦复寓目不忘，如破烂橱柜，臭油坏酱，悉贮其中，其龌龊亦耐不得。”当代著名的语言学家吕叔湘也认为：“我们各门学科都有一些基本的知识要记住。基本公式、规律要记住，这是不错的；但是，不是所有的七零八碎的烦琐的东西都要记住。书上都写着在那里，到时候你去查一查就行了。”综上所言，我们可以得出这样的结论：读书必须有选择，记忆也必须有选择。

我们的大脑在履行识记职责时，本身就具有选择的特性。各种感觉器官向大脑呈送的“报告”，大脑并不如数接收，而是把自己感兴趣的信息作为重点对象贮存起来。比如看一部电影，尽管人物繁多、场面宏大、情节曲折，但一般观众只记住了几个主要的人物、几段主要的情节，这就是大脑本能地进行选择的结果。两个人同时去一个风景区旅游，回来时谈到所见所闻、感受随想，肯定各不相同，这种不同就是他们大脑的选择性造成的。

学习必须有选择，没有选择就没有收获。宋人朱熹说：“读书譬如饮食，从容咀嚼，其味必长；大嚼大咽，终不知味也。”这话有科学道理。一位年轻工人，他好学上进，就是有些贪大求多，眼高手低。前几年，他一心学日语，同时又自修了政治经济学，以后又学习写诗又搞篆刻，还常往刊物上投稿，去年又参加了什么函授大学，每天总要熬到深夜。可是，他长进并不太大，什么原因呢？就是因为他学习不得法，好高骛远，不求甚解，只求进度不求质量，所以虽然下了这么大的功夫，却没有相应的收效。可以说，这与没有运用好选择法有关。

二、如何运用选择记忆

1. 确定目标

选择记忆应该首先确定自己的学习或记忆目标，然后再相应地选择各种书籍资料。有个人初中毕业，因病常年休息，促使他走上了自学的道路。开始，他盲目地拼搏，曾钻研过哲学，啃过无线电学、电机学，还涉猎过热处理工艺。后来，限于物质技术条件，他才步入了数学殿堂的大门。而选择好数学后，他又幸运地碰到一张正规大学数学系学生的必读书目，从中他选准了“概率论”作为突破点，这些选择为他自学成才拓出了扬长避短的蹊径。终于获得了喜人的成绩。可见选择好目标才能学有所成。

2. 弄清关系

选择记忆要求我们必须弄清知识结构之间的关系，以便在识记中有详有略，抓住精髓，举一反三。

一位著名数学家应邀到母校做“怎样学数学”的报告。他在一个教室里，看见墙上贴满了数学公式，并标着“必须记住”的字样，对此他提出了不同意见。他说，只要记住最基本的几条公式就行，其他公式推导一下就可以得出来了。后来，他的报告就从“必须记住”谈起，使学生们学会了把单个公式变成一连串公式的推导过程。

3. 提炼重点

选择记忆要善于抓住材料中最有价值的内容。一本书也好，一篇文章也好，往往只有一条主线、一个主题、几段精彩论述，其余的都只起辅助作用。郑板桥曾说："板桥居士读书求精不求多，非不多也，唯精乃能运多，徒多徒烂耳。"他举例："即如《史记》百三十篇，以《项羽本纪》为最，而《项羽本纪》中，又以巨鹿之战、鸿门之宴、垓下之会为最。反复诵观，可欣可泣，在此数段耳。"这就告诉我们，选择记忆实际上是提炼重点并予以专门记忆的过程。

4. 广博钻研

学习也好，记忆也好，不仅要"专"，而且要"博"。这一点似乎与选择记忆背道而驰，但其实不然。"闻千曲而后知音，观千剑而后识器"。"博"是"专"的基础，博大才能专深。知识越是高度分化，高度综合，就越要求广收博取，因为只有这样才能巩固专业知识。

就以记忆研究来说吧，它本属于心理学范畴，但是，随着时代的需要，科学的发展，"应用记忆学"即将脱颖而出，应运而生。应用记忆学与生理学、心理学、教育学、人才学、创造力学、时间学、营养学乃至逻辑学、语言学等多种学科有直接的关系，是在它们基础上站立起来的新学科。只有将这些学科的广博知识融会贯通，才能科学地进行记忆研究。广博为选择提供了充分的条件，在广博基础上的选择，记忆才能发挥更高的效率。

苏联作家巴乌斯托夫斯基说过这样一段话："记忆，好像是一个神话里的筛子，筛去了垃圾，却保留了金沙。"让我们在生活的河床上披沙拣金、选优择华，不断向大脑输送知识的精华，以迅速提高"记忆仓库"的使用价值吧！

深入理解事物的本质，自然就记得牢

理解是记忆的基础，对各种信息和事物的深刻理解有助于记忆的提高。我们要想记住某些信息，就必须理解这些信息所具有的意义。没有被理解的信息，即使被储存到了记忆当中，也很难被回忆出来。

一、理解记忆的作用

著名的心理学家巴特雷特曾经做过一个实验，他让被测者读一个故事，然后要求被测者回忆那个故事。巴特雷特发现被测者在回忆故事时并没有按照之前读的内容进行回忆，而是按照自己的方法进行回忆，并且有几个普遍的倾向：第一是故事会变得更短；第二是故事会变得更清晰，结构也更紧凑；第三是被测者做出的改变，与他们初次听到故事时的反应和情感是相互匹配的。巴特雷特认为这样的结果说明被测者的记忆系统中只保留了一些突出的细节，而剩余的部分则是根据自己的情感对原始材料的精细化和重构。简单地说，被测者回忆出来的故事，是把自己理解的主要内容用自己的语言表达了出来，这说明人们记忆最深刻的是自己理解的信息。

事实证明，我们对事物的理解越深刻，事物就越容易被记忆，保存的时间也越长。我们理解事物主要是理解事物的内部关系和规律，在理解的基础上进行分析和综合，并且与大脑中的其他经验、信息和资料建立一定的牢固联系，所以才不容易遗忘。

二、如何理解记忆材料

在记忆的过程中，我们该如何加强对记忆材料的理解呢？

1. 积极思考，了解概要

思考是大脑思维的重要活动，通过思考，人们才能对各种各样的信息加深理解。在大脑内部已经存在知识的基础上，通过积极的思考对记忆材料进行理解，能够让人们明白记忆材料所表达的大致意思。这样能让人们知道自己为什么要记忆某个材料，使人们拥有记忆的动力。

2. 逐步分析，找到记忆材料的关键

分析主要是为了找到记忆材料之间相互联系的部分，从而找到记忆材料的重点和主要内容。在理解记忆材料整体的基础上理解主要内容和重点，更有助于人们记忆。

3. 直观形象，融会贯通

把记忆材料变成直观的形象，更容易使人们加深对记忆材料的理解和记忆。例如把记忆材料之间的关系用图表、实物、模型、图片等方式表现出来，能够让人们对记忆材料之间的联系一目了然，使人们对记忆材料的了解更全面。比如人们统计某件事情得到了很多数据，如果把这些数据凌乱地写在纸上，人们看过之后可能会很难理解，如果用图表的方式把数据罗列出来，人们就能一目了然，理解起来很方便也很轻松。

4. 运用到实践当中

实践是检验真理的唯一标准，我们记忆的所有知识，都是用

来为生活服务的，都是用来指导实际问题的。经常把记忆系统中的信息在实践当中运用，能够让我们对记忆信息的认知、理解更加深刻，也能够深化和巩固记忆。实际上记忆和理解的关系非常密切，它们相辅相成，记忆离不开人们对记忆材料的理解，对材料的理解来源于人们的积极思考，思考得越多，理解得就越多，记忆得就越多。

理解记忆法并不是万能的，每个人自身的知识积累和经验不同，对于材料的理解能力也不同，用理解记忆法的效率和效果也不同。另外，材料的理解是一个过程，理解也不是绝对的理解，有时候人们对一些记忆材料会完全无法理解，这种情况下再用理解记忆法就没有任何效果，必须要把机械记忆法等其他的一些方法和理解记忆法进行结合，扬长避短，共同进行记忆活动，这样才能最有效地加深人们的记忆力。

给自己虚构故事，把记忆材料加进去

虚构故事法是指当人们需要记忆很多信息和事物，并且这些信息和事物相互之间没有联系的时候，可以运用自己的联想，把这些故事和信息变成一段简单有趣的小故事，来帮助人们记忆的一种方法。

一、虚构故事对记忆的作用

比如说，人们要记忆“红塔山、狂奔、喜欢、足球、绊倒、汽车、啤酒、警察、哥哥、惊醒”这些词语，就可以运用自己的联想，编出一个小故事来对这些词语进行记忆。

有一天，小明抽着一根红塔山走在黑夜之中的马路上，突然从路边蹿出来一条狗，并且直接向小明狂奔了过来，小明很害怕，心想这条狗不会是喜欢上自己了吧，可是自己的内心接受不了啊，于是他掉头就跑。可是跑着跑着，突然被一个足球绊倒。小明站起来继续跑，这时候却发现狗已经开着汽车追了上来。小明见跑不过，于是停下来，掏出一瓶啤酒对追上来的狗说：“你先喝点酒歇歇，我继续跑，一会儿你再追。”于是他继续向前跑。过了一会儿，他突然看见了一个警察站在路上，于是跑上去对警察说：“后面有一条狗酒驾。”于是警察把狗抓了起来。这个时候狗才有机会对小明说：“我是你失散多年的亲哥哥啊！”于是，小明从梦中惊醒了。

从这些词语表面上的意思来看，它们似乎没有任何关系，这也导致了人们所编的这个故事并不符合实际情况，非常具有离奇的色彩。可能有人在听了这个故事之后会嗤之以鼻，认为这就是胡编乱造，没有任何意义。确实，这个故事并没有任何意义，但是，人们编这个故事的根本原因并不是为了讲故事，也不是为了娱乐听众，而是为了要记忆那些看起来没有任何关系的词语。从结果上看，人们要记忆的词语都被编到了这个故事当中，如果把这个故事背诵熟练，那么人们所需要记忆的词语就全部都能记住了。也就是说，为了记忆某些信息而编造一个不符合实际的故事，这种做法是有很大效果的，人们可以通过这样的方式来记住自己需要记忆的东西。其实这种方式就是运用了虚构故事法。

从故事中可以看出，虚构故事中运用到的最重要的大脑思维活动就是联想，人们需要通过联想把一些不存在任何关系的信息联系起来，从而达到记忆信息的目的。很多人觉得即便是运用大脑进行联想，也要符合一定的现实，但是实际情况却并不是这样的。就像上面所说的例子，由于需要人们记忆的信息本身并不存在相互关系，导致了这种联想基本上都是不符合实际的，也是没有任何逻辑关系的。

人们在运用虚构故事法进行记忆时，也可以根据实际情况对这种方法进行灵活的改变，比如说当信息实在是太多时，可以不止编一个小故事，而是编几个小故事分别进行记忆；再比如当人们需要记忆更多的细节时，也可以为自己编的小故事配上图片或者图表等情境内容作为提示，使自己可以联系实际情境进行记忆，这样就能记住更多的细节。

如果人们能够掌握虚构故事法，将会对记忆活动有很大的帮助，特别是在记忆材料复杂并且繁多的时候，运用这种方法更能起到非常好的作用。

二、虚构故事应遵守的原则

当然，虚构故事法虽然对人们的记忆有很大的促进作用，但是在运用这种方法的时候，还有一定的原则需要遵守。

1. 按照材料的信息顺序

在使用虚构故事法进行记忆活动的时候，必须要按照人们需要记忆的信息的顺序去编故事，不能把信息原有的顺序颠倒或者打乱。实际上这一点也可以算是虚构故事法的缺点和局限性。就像前面的那个例子，如果有人问足球是出现在喜欢之前还是喜欢之后的时候，如果变化了信息的顺序，人们就不可能回答出来了。当然，这意味着人们也只能按照特定的顺序来记忆信息，因为当人们在对信息进行回忆的时候，只能通过对整个故事的重新搜索才能回忆出来。

2. 故事要有趣味性

运用联想编出来的故事，尽量要具有趣味性。这一点并不是必须要坚持的原则，但是有趣味性的故事和毫无意义并且让人昏昏欲睡的故事相比，人们记忆有趣味性的故事效果会更好，甚至有些人可能根本就不可能记住那些毫无意义的故事，即便这些故事是他们自己编造的。

3. 自己能够理解故事

虚构故事法虽然是运用联想编故事来帮助人们记忆，并且即使人们编出来的故事可以不符合实际情况，也可以让别人听得云里雾里，但是故事必须要让自己能够理解，如果自己都不能弄清楚自己编出来的故事，那么只会让自己的记忆变得一团糟。

第六章
着眼身边事，让过目不忘在生活中闪光

记忆的作用，不只是让我们记住一些复杂的公式、数字，不只是记忆英语单词、大段文章、会议讲稿，在日常生活、经济生活中也同样必不可少。在日常生活中，我们需要记住的东西一般不太复杂，如一个人名、一个地点、一个数字、一个日期等，或一件物品放在哪儿。它需要一些简单的记忆方法，同时它们也是最实用的记忆方法。

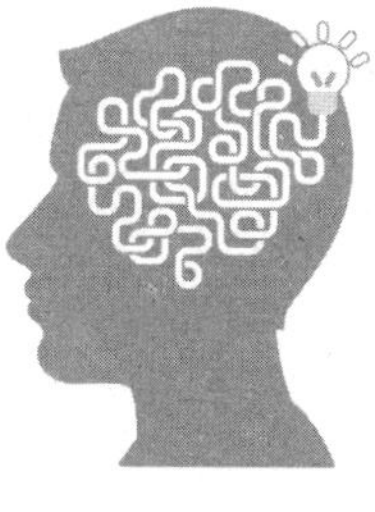

如何记住日常琐事

在日常的生活中，人们总是无法避免和各种琐事打交道。虽然有时候这些琐事看起来并不是多么重要，也不会引起人们的特别注意，但是一旦忘记，必然会给人们带来一些烦恼，甚至是更严重的情况。比如明明家里没有盐了，但是在做菜的时候才发现忘记买了，这时商店又关门了，没办法，只能吃一顿没有放盐的菜，这对于那些对饭菜要求高的人来说，是一件很痛苦的事情；再比如早上出门的时候忘记关水龙头了，结果晚上回来发现自己家被淹了，连带着楼下的住户也遭受了水灾，这同样会给人们的生活造成一定的影响；还有，托别人从外地买了一些自己很喜欢吃的食物，因为舍不得吃，于是就放起来了，直到再次想起时才发现已经过期，不能再吃了，这时候人们也会感到懊悔。

实际上，这种对于琐事的遗忘现象，是完全可以避免的。只要我们能够运用一些正确的记忆方法，就可以杜绝琐事的遗忘带来的烦恼和各种影响。那么究竟该怎样记忆日常的琐事呢？

在日常生活中，人们会忘记的琐事的种类有很多，主要包括忘记某些物品摆放的位置、忘记做某件细小的事情、忘记和别人约好的时间和地点以及其他的零星琐事等。对不同种类的琐事，想要避免发生遗忘现象，需要的记忆方法也是不同的。

一、忘记某些物品摆放的位置

当我们急需要用到某件自己拥有的东西时，却发现完全不记得自己把它放在哪里了，这种事情经常会发生。比如我们修理物品时需要用到的钳子等工具，经常就会找不到，这时人们就会感觉很着急。这种情况的发生，通常是因为人们不经常用到这些物品，所以根本就不重视它们摆放的位置。想要解决这个问题，必须要按照正确的方式记忆物品的摆放位置。

首先，要树立自信心。这里的自信心并不是要求人们必须记住物品的摆放位置不可，而是说当人们在这上面吃过一次亏之后，要告诫自己下次一定不会出现这样的情况。所谓“吃一堑，长一智”，必须要接受教训。同时，也是树立一种任何事物都能记住的信心。

其次，对于家中的各种物品不要随意摆放，要根据物品的种类，分门别类进行摆放，这样，只要找到同类物品，就一定能找到自己需要的物品。物品的种类是多种多样的，比如说钳子、螺丝刀等属于工具类，银行卡、身份证等属于重要物品类，衣服、裤子等属于服装类，等等。对于不同种类的东西，一定不要随意放在一起，而是按照各自种类，找到一个最适合的地方摆放，而且在每次用过之后不能随处乱扔，必须要按照原来的位置重新放回去，这样就不会因为找不到某些物品而苦恼。

最后，一些比较贵重的物品，可以通过有意识地联想进行记忆，或者和一些不经常移动的固定物品放在一起，甚至可以做上标记。比如说户口本、房产证、存折等重要物品，可以用袋子把它们装在一起，同时做上一些标记，放到一个固定的地方，这样就不会再出现遗忘的现象。

二、忘记做某件细小的事情

一个人每天必须要做的事情是很多的，其中会包括一些比较重要的事情，同时也会包括一些比较细小的事情。但是，人们经常出现的状况是重要的事情做了，并且得到了一个完美的结果，而那些细小的事情却想不起来，忘记去做了。比如说一个人一天要做两件事，一件是去银行办理一件重要的业务，还有一件是下班回家时买一袋盐，对于这种情况，很多人就会把在银行办理业务这件事情处理得很好，对于下班回家买盐这件小事却忘得一干二净，结果就导致晚上吃菜只能吃淡的了。很多时候人们会告诫自己这件小事第二天不要忘记，但是到了第二天还是会忘记，这种情况该怎么样解决呢？

对于这样的情况，解决的办法主要有三种。第一种是在前一天晚上，做好第二天的计划，并且把所有事情编上序号，第二天按照序号一件一件去做，有条不紊地进行，就不会发生遗忘。这种做法能够牢牢地抓住做事情的主动权，不会因为事情太多而陷入忙乱当中，导致忽略一些事情。第二种是把事情按照时间顺序或重要程度顺序，进行一些奇特的联想，通过自己的联想来指引自己去做所有的事情。第三种办法就是把所有要做的事情都记录在一个笔记本上，经常拿出来看，这样就不会忘记某些事情。当然，这种方法有一些缺点，比如说需要人们经常把笔记本拿出来观看，但是人们却不一定有那个时间，还有就是笔记本容易丢失或忘记携带等。但是如果前两种方法实行起来比较困难，这就是最简单的方法。

三、忘记一些其他的零星琐事

人们生活中必需要做的琐事实在是太多，导致人们经常会做了这件事情，却又忘了那件事情，想起了那件事情，却又忘记了别的事情。经常忘记这些小的事情，很可能就会造成丢三落四的习惯，对人们的生活、工作和学习都会产生一定的负面影响，因此这样的情况必须得到解决。那么究竟应该如何解决呢？第一是要让这些事情变得可视化，也就是要求人们及时对事情进行回想；第二是多进行联想，可以把所有的事情放在一起联想，也可以单独进行联想，这样就能够方便人们回忆。第三是可以借助辅助工具的帮助，比如笔记本、小纸条等，把一些重要并且容易忘记的事情记在上面，同样能达到防止遗忘的目的。

总之，只要能够找到正确的记忆方法，对于生活中日常琐事的记忆就完全不会成为问题。

如何记住人名与相貌

随着社会的发展，人与人之间的关系越来越多样化，交往也越来越多，因此，记住别人的名字和相貌，对我们来说也变成了一件非常重要的事情。很多时候，记不住别人的名字或样貌，会给我们带来一些不必要的麻烦和尴尬。比如和朋友走在街上，突然看见了一个熟人，于是和他打招呼、寒暄，等到对方走远之后，朋友问刚才那人是谁，却突然间好像不记得那个人的名字了，是不是很尴尬？所以说，记住别人的名字和相貌非常重要。

每个人可能都会有自己的一套方法去记忆别人的名字和相貌，虽然都能记住，但是有人记得快，有人记得慢，并且记得慢的人总是羡慕记得快的人天生有一个好记性。实际上，记忆别人的名字和相貌快的人，并不是因为他们天生记忆力就好，而是因为他们在记忆的时候选择了正确的方法，并且经常使用正确的方法进行练习。

能够快速记忆名字和相貌的方法并不是单一的，人们可以选择最适合自己的方法进行学习和应用。

一、记忆名字的方法

记住名字是对别人的一种尊重，有人说“世界上最悦耳的音乐莫过于自己的名字”，因此我们要努力记住别人的名字。在学习记忆名字的方法之前，我们首先要弄清楚记清别人名字的前提条件，那就是要确定在最开始的时候就听清楚了要记忆的名字，如果连这个都没有弄清楚，那就根本不可能记住别人的名字。事实上，大多数人总是记不住别人的名字，就是因为他们在最开始的时候就没记清楚。还有一点就是真的要去记别人的名字，如果根本就不去记，还总嚷着说自己记不住别人的名字，如果不去记忆，提供再多的方法也没有任何意义。

只要确定了这两点前提条件，再配合下面提供的记忆方法，就一定能快速记住别人的名字。

1. 印象法

想要记住任何事物，都必须让这件事物在大脑中留下足够的印象。如果对方的名字没有在大脑中留下足够深刻的印象，是不可能记住的。一般来说，我们需要记住别人名字的时候，都是第一次见面，双方相互介绍之后，如果是一个经常见面的朋友，根本就不需要刻意去记他的名字，因为大脑中有足够多关于他的印象。所以，在第一次听到一个名字时，必须要多注意，有意识地让这个名字在自己的大脑中留下深刻印象，这样才能让自己快速记忆这个名字。

2. 联想法

由于每个人名字不同，记忆的难度和方法也不同。比如说李小龙这个名字就很好记，因为我们可以联想到已故的香港著名武打明星李小龙。很多名字都能让人产生联想，比如说一些知名人士、新闻人物的名字，和某个伟人、古人名字差不多的名字，意义明确、好听的名字，都能够在人们大脑中进行有趣的联想，从而给人们留下非常强烈的印象，记忆起来非常轻松。也就是说，对需要记忆的名字进行联想，可以加快我们记忆名字的过程。有些名字可以联想到节日，比如李国庆可以联想到十一国庆节，宋建军可以联想到八一建军节，王重阳可以联想到重阳节；有些名字可以联想到一些耳熟能详的人物，比如说王重阳，就可以联想到《射雕英雄传》中全真教的祖师王重阳；有些名字则可以联想到一些职业或是爱好，比如说健康可以联想到医生，文博可以联想到作家；另外，还有些名字，虽然不能联想到我们熟悉的东西，但是我们却可以运用奇特联想法来记忆，比如齐白石可以联想成骑着白色的石头，辛弃疾可以联想成辛辛苦苦才弃掉疾病，任立松可以联想成人站立着要像一棵松等。为了方便联想，我们应该尽可能多地了解和对方有关的信息，这样记忆名字时会更轻松，也更深刻。

3. 笔记法

笔记法就是用笔记本把需要记忆的名字记录下来。这种方法是一种很保险的方法，因为一旦我们记忆不清楚，可以随时把笔记本拿出来。但是必须要保证自己在记清楚名字之前笔记本不能丢失，否则没有任何用处。实际上，用笔记本记录名字，相当于起到了名片的作用，多看几遍，能够有效加深记忆。在运用笔记法时，最好记清楚对方的名字具体是哪几个字，不要记成同音字。同时，要尽量把对方的电话号码、工作单位等情况一起记录下来，信息越多，记忆就越方便。另外，运用笔记法时还会发现，有些人的姓名在字的结构上耐人寻味，能给人留下深刻的印象，比如说聂耳，名是姓的一部分；金鑫，名是由三个姓组成的；李木子，名是姓的分解，等等。发现这样的关系后，记忆起来会更方便。

4. 谈话法

想要记住一个人的名字，就应该在和对方的谈话中，经常提起他的名字，但是在提起时不能含糊不清，必须非常清晰。这样不仅能给对方一种亲切感，同时也相当于对名字的不断重复。另外，应该把对方的名字和他的声音特征结合起来记忆，这样就能在谈话中更多地了解对方的各种情况，给回忆提供更多的线索，从而更有利于我们对名字的记忆。

5. 谐音法

有些人的名字的谐音词可能是一个有意义的词语，这样的名字就可以通过记忆那个谐音词来记忆。比如李想的谐音词是理想，奚望的谐音词是希望，魏来的谐音词是未来等。有些人的名字就是名和姓是谐音的，这种情况更好记，比如说刘流、杨洋等。

6. 形象法

有些人的名字和具体实物对应，记忆这样的名字时，我们可以把姓氏和具体事物的形象结合起来进行记忆。比如赵海燕、马熊是以动物为名的，柳青、柳红是以颜色为名的，张白露、李小雪是以节气为名的，李大海、潘长江是以地理为名的，杨松、杨柏是以植物为名的。

7. 结合法

把名字和见到对方的时间、地点甚至对对方的第一印象等情况结合起来，对我们记住对方的名字有很大的帮助。比如说白小娜的脸很红、张阳很胖、第一次见到李旭是在北京这个美丽的城市、王刚是一名工程师，等等。这样我们就能通过对那些和名字有关的线索进行回忆来达到记住名字的目的。

二、记忆相貌的方法

我们经常会把两个相貌相似的人认错，特别是双胞胎，长得几乎一样，很难分清楚，稍微不注意就会把一个人叫成另一个人，让人非常尴尬。想要避免这样的情况发生，只有把每个人的相貌都记清楚才可以。但是，有一些人长得确实太相似，特别是像双胞胎那样的，长得好像没有任何差别，根本不能分清楚。实际上并不是这样的，相貌是人和人之间最明显的差异，即使是双胞胎，在相貌上也有一些细微的不同。所以，记住一个人的相貌并不是一件很难的事情，但是前提是必须要掌握正确的方法。

1. 观察法

一般来说我们想要记住别人的相貌，都是采用观察的方式。因此，观察法是记住别人相貌最直接的方法。在第一次见面时，先用眼睛仔细观察对方几秒钟时间，主要是要看到对方的整体形象和特征，包括身高、肤色、体型、年龄、风度等。同时，还要把对方特有的特征记在脑海中，如脸型、发型、眉毛、眼睛、鼻子、耳朵、胡须、嘴，有无明显的疤痕或者痣等。在观察之后，还要有意识地把对方的相貌特征在心中重复几遍，努力记住这些特征。如果对方实在没有什么明显的特征或突出的地方，那就联系表情、性格、气质、口音等其他特征来记忆相貌。

2. 结合法

结合法有两种使用方式，第一种是把对方的相貌特征和其名字结合起来，达到名貌合一的程度，加深人们的记忆；第二种是把对方的相貌和与其见面时的情景结合起来，包括与对方第一次见面的地点、气氛、心情等，比如说你第一次见到某个人时，他的相貌让你感觉如沐春风。另外，记住和别人初次见面的时间、场所、目的、周围的人、谈话主题等，也能够为记住他的相貌打下坚实的基础。

3. 交谈法

交谈法主要是通过反复交谈创造出更多的时间观察对方的相貌，从而记住其相貌。同时，通过和对方的交谈还能了解对方更多的情况，为记忆对方的相貌提供更多的线索。但是，在交谈时有两点情况要特别注意，第一是交谈要紧贴见面的主要目的，不要漫无边际，脱离主题的交谈可能会让别人很快失去兴趣，使谈话不能顺利进行下去，也就不能达到加深对对方的印象的目的；第二是不要把谈话变成一问一答的审讯式，这种形式的谈话没有人喜欢，只会加快谈话的过程，同时也有可能让对方对我们的印象变差，这也不利于记忆对方的相貌。

4. 联想法

联想法就是把自己观察到的对方的相貌，进行一些有趣的联想，从而加深对方的相貌在大脑中的印象，帮助我们记忆。比如说对方的个子特别高，可以想象“他的个子像珠穆朗玛峰一样高”。

如果想同时记忆几个人的相貌，可以运用对比的方法，选择一个标准，从而找出最漂亮的、最难看的、个子最高的、嘴最大的等，这样在回忆的时候会有一条明确的线索帮助，使我们的记忆更深刻。

如何记住时间与数字

日期是生命的符号，平凡的数字往往也具有独特的个性，怎样记住时间与数字呢？我们可能认为自己记不住数字，因为数字缺乏情绪上的脉络来帮助记忆，但这是错误的想法。其实方法很多，如写下来，可帮助我们记住日期；对数字复诵和分群，都是记下它的好办法。

一、如何记住约会时间

请看这样一个假设：与朋友约好下午 3 点在王府井饭店的大厅里见面。从公司办公室到饭店需 20 分钟，并且下午 2 点 35 分客户要打来电话，所以必须到那时候才可以去赴约。在这个假设中有两个关键时间，分别是下午 2 点 35 分和下午 3 点。

请注意这样两条原则：第一是形象化；第二是联想。

在心中先描绘出自己面对桌子而坐，桌子上有电话机和便笺，时值 2 点 35 分。然后，描绘一下自己 3 点钟在王府井饭店大厅会见朋友的情景。再进行一些愉快的联想，也许他带着一个靓丽的女朋友，或开着一辆漂亮的宝马车。将这种情景在头脑中重合起来，每隔一定时间反复联想一次。这样，即使见到桌子，见到周围的情况就会不可思议地想起约会来，这是潜意识起作用。

因此，为了记住约会和工作，在心中描绘见面的地点或去办事的地方。这两个地方尽量清楚地结合起来考虑，并且隔一定时间重复这种联想。因此，与别人约会应该在那儿等候时，为了信守约会一定要选择能想象的场所。假若能与某些愉快的联想结合起来，记忆效果更好。

为此，只需对要办的事情按先后顺序进行联想就行了。

再来看一个相近的例子：假设从家到邮局去寄个包裹，再从邮局打电话给王先生，和他商定约会的时间。同时你想到买几本杂志。接着顾客欧海龙9点30分等我们。离开欧海龙家后，打算10点30分到另一位顾客胡海家里去一趟。11点30分，到火车站去接公司的一位客人。

可以按以下思路进行记忆：

想象离开家时对爱人说："我去邮局一趟。"接着想象站在挂号窗口前，看到邮局职员找钱，并说："给王先生打电话。"当我们给王先生打完电话，想象在从电话室走出来时，踩到了一堆杂志。然后想象在买杂志。在包裹的包装上写着9点30分到欧海龙家。接着想象欧海龙告辞，并说："胡海10点30分在家里等我。"然后想象从胡海家出来。在他家门口有一块大路标，箭头上面写着"车站"的字样。

结果，一切将如所愿，轻轻松松便搞定。第二天，从家走的时候，立即会想起到邮局去，接着就会想起要办的每件事。假设的图像，到时候就会使人想起要办的事来。如果偶然在什么时候有点犹豫时，只需从头检查一下联想过程，一般地说，就会重新找到遗忘的环节。

二、如何记住今天是星期几

有时有人会问："今年9月8日是星期几？星期一还是星期四？"

学会知道星期几的方法如下：

在本子上记下每个月的第一个星期日。比如2002年12个月的第一个星期日是：

6 3 3 7 5 2 7 4 1 6 3 1

知道了12个月的第一个星期日，便能推知全年365天中的任何一天是星期几。实际上，知道了一个月的一个星期日，便知道了全月的其他星期日，而知道了全月的星期日，便知道了每一天是星期几。

这样，为回答12月4日是星期几，只需看一下第12个数字，这是个1。原来，12月1日是星期日，那么12月4日自然是星期三了。

怎样才能记住12个月的第一个星期呢？可以运用分组记忆法，亦可用偶数记忆法，甚至可用卡片记忆法，把形象化的卡片编成连贯的故事，以增强记忆。

总之，每当新年伊始，便要努力记住全年12个月的第一个星期日，这等于把年历卡装在脑子里。

三、如何记住重要日期

就日期而言，如果想记住某人的周年纪念日或生日，就从这个人，或者他的名字找的替换词联想到日期。按这样的方式进行——假如外国好友戈登（Gordon）先生的生日是4月3日，从戈登先生或替换词“花园”（garden）联想到“公羊”（ram）就会记住这个生日。公羊代表43。戈登先生的生日是在一年的第4个月，第三天！

当然，并不是每一个日期都能换成基本易记的方便词。能够代换的日期只能是在一年的头9个月内，在一个月的头9天之内。其他日期将是一个三位数。所以，应该运用不同的方法。我们能告诉你怎样选择表示三位数字的词，以及在大多数情况下怎样去做。但如果每一年的所有时间都按这种方法去做，你可能被弄糊涂。

因此，必须有一个明显的区别，以避免这种混乱。建议一个避免这种混乱最容易的方法——即用一个词表示三位数字，代表的日期应在头9个月内。对于10月、11月、12月，使用两个词。常用的一词表示月份，另一个词则表示天数。如果弄不清哪一个词在前，就使用一个不是固定词的词表示天数。按这样的方法，就会明白，固定的词总是代表月份。

事实上，并没有必要用一个词表示头9个月的月份和天数。如果这样做，无论哪个常用词放在什么地方，代表第一个两位数字一定指的是月份，另一个词一定指的是天数。

如果在联想中有两个词，每一个词都表示两位数字，其中一个词表示的数字超过12，显然，这个词代表天数。仅仅在少数情况下天数是10、11、12；月份也是10、11、12。遇到这种情况，我们建议使用怎样记住电话号码的方法，运用“逻辑性的非逻辑”想象，从而知道哪一个词在前。或者，总是用固定词代表月，选择一个适合的语言字母表，但又不是固定的词表示天数。

如果在学校学习，有必要记住年、月、日——选择一个表示年的词，加进联想中。例如，每一个美国人都知道《独立宣言》签字的日期，我们就把它作为例子。如果联想“宣言”，或者一个替换词“汽车”、“现金”，就将知道签字的时间是7月4日（74——汽车），年代是1776年（76——现金）。没有必要为年代的头两位数字发愁，因为一般人都知道这一世纪发生的这些重大事件。但如果确实记不住年代的头两位数，再加一个表示这两位数的词，放进想象中。

而在学习时，我们常常不得不记住某一历史事件的年代，这没问题。因为在联想中，除历史事件本身之外，只需再加一个代表年代的词。

如 1804 年，拿破仑称帝。如果荒谬地想象拿破仑加冕时的情况：王冠刺伤了他的头，使头“痛”（sore）（04），就能记住这一历史事件。

又如芝加哥的大火发生在 1871 年，就从大火联想到“小屋”(71)。如果产生一种荒谬的想象：一条巨大的海船沉没了，因为它是用“罐头”（12）制造的，就会记住“泰坦尼克”号是在 1912 年沉没的。

记某种东西的型号和价格时，我们也可用各种方法来记，同样效果明显。如果在一个服装行业工作，想记住某种样式型号，就把型号同这件衣服的突出特征联系起来。这里，用英语记忆效果尤佳。如第 351 号是一件后背用格子布拼贴的衣服，能“看见”那布块在溶化。溶化（melt）——351。

另外，如果把“枫树”（maple）同某一本书联系起来，就一定知道这本书的价格多半是 3. 95 美元，而不是 395 美元。但如果把“枫树”同一台电视机联系起来，它应该是 395 美元，而不是 3. 95 美元。在了解了以上的方法之后，就绝对不会忘记日期、价格、某种类型的数字、地址等。我们必须再一次指出的是：开始的时候，会觉得写下它们更容易，但用不了多久，产生的联想比用笔记下的更快。

更重要的是，我们可能会认为，产生这样或那样的联想，有可能把自己弄糊涂，不要为此而烦恼，因为那些联想仅仅是手段，而不是目的，完全可以忘掉它们。

四、如何记住关键数字

下面，我们再看看具体数字的记忆方法。

1. 生日时间

朋友的生日是 1965 年 9 月 24 日，可记为：朋友过生日那天骑着老虎（65），拎着酒（9），带着儿子（24），到自己家里来。

本月 14 日下午 1 点要与女朋友去看电影，可记为：过几天与朋友看电影时要举行仪式（14），送她一把玉扇（13）。

189 次列车的发车时间是 0 时 47 分，可记为：坐要白酒（189）不要车票那趟火车出门时，需要带好零食（0 时），特别是要带一只死鸡（47）。

2. 商品价格

香蕉 0.85 元一斤，可记为：上次买香蕉，那香蕉在柜台上直跳芭蕾舞（85）。

皮鞋 84.61 元一双，可记为：皮鞋被儿子（84）放在楼梯（61）上。

牡丹香烟 8.6 元一盒，可记为：香烟上的牡丹都献给八路（86）军。

3. 票证号码

活期储蓄存折编号为 163326，可记为：储蓄存折放在衣兜（16）里不会丢，如果丢了，自己就上仙山（33）请阿 Q（26）来帮着找。

有奖储蓄券号码是002786，可记为：我的有奖储蓄券准会中奖，摇奖那天，听电话“铃铃”（00）响，耳机（27）里就会告诉我，奖给我一座白楼（86）。

自行车执照号码是10383，可记为：如果自己的“凤凰”牌车“已像凤凰一样飞走”了，要拎伞爬山（10383）去找。

如何记住地理知识

记忆力在人们学习地理知识的过程中，具有重要作用。一方面，在学习、掌握和了解地理这门学科的过程中，大脑皮质能力会被广泛调用，包括绘画，阅读并理解地图、图片和表格时都需要一定的空间和分析思维；另一方面，人们在进行某些活动时也离不开对地理知识的记忆，比如做实地调查、外出旅游等。

想要彻底了解一个地方，首先就要知道这个地方的地理条件，这既包括气象、气候、水系分布、土壤结构、有无地质灾害等自然地理情况，也包括人口状况、经济状况、城镇分布、交通等人文地理情况。想要去一个地方旅游，同样需要先了解那个地方的地理情况，包括气候和气象条件、各种地理风景、是否会发生地质灾害、当地各种风俗习惯等。由此可见，我们需要学习和记忆的地理知识是非常多的。但是，人们的精力是有限的，而且这有限的精力还必须要应用到学习和记忆各种各样的知识中。因此，为了快速记忆地理知识，同时也能把更多的时间放在理解和应用其他的知识上，建立一个快速有效记忆地理知识的系统就显得十分有必要。

想要建立这样一个系统，一个好的记忆方法必不可少。由于地理的特殊性，大多数地理知识都有真实、清晰的形态，因此最好的记忆方法就是发挥自身的想象力，通过联想的方式来记忆。

比如说记忆一个国家的各种情况，就可以用联想的办法。具体的做法是：首先要为想记忆的国家准备一个独立的区域，这个区域可以是去过的这个国家的某个地方，也可以是熟悉的一些地方，比如说在自己的房间中；第二步是把想要记忆的各种数据进行分类，分别为不同种类的数据信息选择一个独立的想象图像，比如用苹果代表人口；最后一步是进行联想，假设要记忆的那个国家有 8500 万人口，就可以想象自己来到了之前设定的区域，看到一个 1985 年出生的朋友正在给大家分发苹果，这样就能记住这个国家有 8500 万人口了。

如果想要记住一个国家的地形轮廓，也可以运用联想的方法，而且这种方法就是我们平时经常用的。比如说我们记忆中国的样子都会想到像一只雄鸡，而记忆意大利的样子则会想到像一只靴子等。

使用联想的记忆方法，不仅能够记忆各个国家的大致信息，对于一些具体的信息，也能够进行有针对性的记忆。如记忆一个国家的具体地方。具体做法是：在记忆这个地方的时候，只要把它和这个国家联系在一起进行联想就可以。例如记忆各个国家的首都，像乌克兰的首都是基辅，我们可以从基辅联想到鸡胸腹肉，而乌克兰也可以想象成是一个人的名字，这样记忆时就可以变成那个名叫乌克兰的人正在吃鸡胸腹肉。再比如阿富汗首都是喀布尔，可以想象成阿富汗的最著名的卡车司机名叫布尔。

当然，联想法并不是唯一的记忆地理知识的方法，有一些具体的地理地点，也可以通过其他的方法来记忆，如地图记忆法。比如我们要按照从大到小的顺序记忆四大洋的名字，这时候我们可以先在大脑中建立一条道路，同时把道路分成四段，但是每段道路的长度要各不相同，随后，想象出道路两边的各种商店，比如最长的那段道路边上是太平洋超级市场，第二长那段道路边上是大西洋服装店，之后是印度洋风情小店，最后是北冰洋冰淇淋店。这样，我们不仅记住了四大洋的名字，同时也记住了它们之间面积的大小关系。

如果是记忆一些地理环境的具体数据，则可以采用代码记忆法进行记忆。比如说亚马孙河全长是 6277 公里，在这里就可以把 6277 这个数字转换成代码词，其中 627 转换成代码词是 junk（垃圾），7 转换成代码词可以是 goo（黏性物），随后进行联想，亚马孙河漂浮着数量众多的垃圾和黏性物，污染十分严重。这样，就能够记住它的长度。

如何记住历史知识

很多学生觉得历史知识很难学习和掌握，因为历史包含着非常丰富的内容，有非常多的时间、地点、人物、事件等。但是不可否认，历史确实非常吸引人，也有很多人能把那些海量的历史知识记住，对历史十分精通。之所以有人历史学得好、有人历史学得不好，归根结底是学习方法和记忆方法的差异所造成的，学不好历史的主要原因就是没有选择正确的学习方法和记忆方法。

一般来说，想要达到精通历史的程度要做到三点：阅读、分析和想象。

实际上，学习历史最理想的方法应该是退回到历史发生的那个年代，去亲身经历、体验和感受那些能让人铭记的事件。但是，显然我们没有任何人能做到这一点。因此，必须通过大量的阅读，以及对历史的分析和想象，把需要记忆的历史事件和人物转移到我们现实的生活当中，重建历史，这样才能更好地记住历史。

阅读是为了更好地了解历史。历史是一门非常严谨的学问，它全部是真实发生过的事实，这就要求我们在记忆的过程中不能出现一点错误。因此必须通过大量的阅读来了解历史。毕竟所有的历史都应该以史书上的记载为标准，至于口口相传等其他的方式，虽然也记载着一些历史，但是可能并不详尽，也可能并不真实，甚至可能被夸大。比如说一个人得了病，在第一个人嘴里可能是说他生病了，但是没什么大事；到了第二个人嘴里可能变成他的病很严重；这样传下去，到最后一个人嘴里可能说他得癌症了，马上就不行了。正如有句俗话说的那样：“耳听为虚，眼见为实。”所以，想要真正了解清楚历史，为准确记忆打下坚实的基础，最好大量阅读历史。

分析是为了更好地理解历史。我们都知道，对一件事情理解得越清楚，记忆效果就越好，历史知识也是一样。比如一个历史事件，如果只记住它发生的时间，或许不见得能记住整个事件，但是如果能对当时的政治、经济、社会等情况进行综合分析，或许就能找到这个事件发生的必然原因，这样在记忆的时候，就不需要刻意去记忆，只要能了解当时的一些情况，自然就能明白这件事情必然会发生。

至于想象，则是为了把我们和各种历史事件的距离拉近。历史毕竟是早已经发生过的事件，想要把历史转移到我们的生活中并且重建历史，就必须要发挥自身的想象力。通过想象让历史在我们的大脑中和心里面重现“复活”，否则历史终究也只能是书本上那一行行的死板文字和资料。

想要重现历史，把所有的历史事件整合起来，并且了解历史事件以及人物之间的相互关系。最好的做法是发挥自己的想象，用自己熟悉的场景和人物来代替历史事件中的场景和人物。比如想记忆一个历史事件，就可以用熟悉的一个地方来代替这个事件发生的地方，用这个地方及其附近的建筑物来代替事件中那些标志性的地点，再把事件中的人物替换成熟悉的一些人，这样只要记住一些具体的时间，和这个时间有关的所有史实就都能通过想象，在大脑中轻易地重建出来。当然，因为事件中会有许多的时间、人物和陌生的人名需要记忆，这些因素很可能会造成一些麻烦，因此在这种情况下可以恰当地使用记忆方法，例如通过代码记忆法记忆时间等。

在我们需要记忆的历史知识中，不仅包含着众多的历史人物和事件，还包括很多复杂的专业名词，也就是历史术语。这些历史术语一般比较难理解，由于只是单个的词语，可能并不影响整个事件，所以有很多人都选择了忽略它们。这种做法是错误的，历史术语都很重要，甚至是一些关键性的线索。有时候，通过一个历史术语就能够把一个历史事件记忆清楚。因此，我们在碰到不能理解的历史术语时，不应该忽视它们，要尽力去理解它们，甚至可以花费一些时间查字典，找出这些历史术语的含义，随后利用联想的方法牢牢记在大脑中。

如何记住方位

想要去一个地方，很重要的一点是要知道那个地方在什么方位，从所在的地方出发之后，朝哪个方向走、需要走多远，这些全都需要掌握。即便是坐车、坐飞机去那个地方，依然要知道它所在的方位，不然怎么知道该如何乘坐交通工具呢？因此，记忆方位的能力对人们非常重要。

记忆方位的能力是指：识别地点；看见和找到地点的欲望；地理能力；回忆自己看见的道路、场景、地点和物体的位置。在记忆方位的能力方面，人和人之间有很大差别。有些人的方位记忆能力很强，对于地点、位置和方向等都有很强的直觉，从不会出现迷路等在方位和地点上迷失的现象，他们会记得曾经去过的地方，对于那些地方的空间位置记忆也相当清晰，就像是把一幅地图储存在大脑中一样；有些人则属于另一种极端，他们甚至在自己居住的地方都会经常迷路，根本记不住任何方向、位置和空间的关系，在陌生的地方更是没有任何方向感，甚至连刚刚去过的地方也记不住、认不出，更不用说之前去过的地方了。之所以会出现这么大的差异，主要是一些人没有使用正确的方法提高自己的方位记忆能力。

如果运用正确的方法，每个人都能够提高自己的方位记忆能力。

首先，要培养兴趣。对方位感兴趣的程度，决定人们对方位的记忆程度，兴趣越大，记忆越好。实际上记忆任何事情都需要对其有足够的兴趣。因此，在到一个地方之前，应该仔细研究一下地图，直到对其产生兴趣。到那个地方之后，也要仔细注意自己走过的每一条街道、每一个地标、每一条路边物体和建筑物，甚至是每一个道路拐弯处。就像那个地方有一笔巨款等着你去拿，或者是你的爱人正在那个地方等你一样。这样，就会有充分的动力去记忆那个地方的方位。

其次，在产生了足够的兴趣之后，就要加倍注意旅途中的地标和道路的位置。很多人总是说自己记不住方位，但是他们却没发现，在一个陌生的道路上行走时，他们从来就没有注意观察过道路沿线的各种事物。因此，我们走在道路上时，一定要仔细观察周围。比如在某个十字路口或街角停留一下，看看那里的地标、大致方向和相关位置等。一定要把这些信息牢牢地保存在大脑中，哪怕只是一段非常短的路程，也要这样去进行记忆。另外，还可以用笔把自己看到的这些东西画出来，尽可能地画细一些，最好先在大脑中确定一个方向，在画图时进行参照，并且对大致的方向、街道的名字以及主要建筑物都要进行标注。

为了尽可能地锻炼对方位的记忆能力，在大街上时，多走一些迂回的路线，尽量多地转弯，但是要注意自己的行走方向和整个过程，这样才能在大脑中顺利地把走过的地图再现出来。同时，在整个行走的过程中，始终要注意自己走过的各个街道的名字，并且保证能够在头脑中的地图上标注出来，长期下去，记忆方位的能力就会得到提高。

还有一种办法能够帮助人们提高记忆方位的能力。具体做法是先在地图上面选择一条路径，随后在大脑中定下各个方向、街道的名字、拐角处、回城的路线等。在开始使用的时候，制定的路线可以短一点，之后随着熟练度的增加而逐渐增加长度。在路线制定之后，不看地图，按照设定的路线走一遍。在行走的过程中，还可以随时变化路线，同时把路线和大脑中的地图结合起来，使大脑中的地图不断完善，并且变得更加清晰。

这两种方法全都离不开人们自身对方位的兴趣，毕竟兴趣决定注意力，而注意力又决定关注的程度。因此，归根结底还是要提高自身对方位的兴趣，只要兴趣提高，记忆方位的能力就会得到提高。

如何在辩论、谈判中运用记忆

伟大的思想家弗朗西斯·培根说得好："读书使人充实，辩论使人机敏。"辩论与谈判中，最难记忆的便是事实，我们如何获取和保持事实呢？回答非常简单："使用你的记忆力！"

一、记忆力是赢得谈判的利器

我们每天都要参与辩论或谈判。可能是在谈判桌上，也可能是在饭桌上，或可能是在茶余饭后、课间休息之时。无论它发生在哪里，无论它发生在何时，也无论它发生的原因和涉及的内容是什么，请记住它都是某种意义上的竞争，都是一天中决定成功与失败的重要时刻。

那么，如何成功呢？答案就是，记忆力是帮助我们赢得竞争的利器。

例如，我们若要说明自己的销售思想会带来很多利益，就必须有充足的事实和数据支持；若要说服老板进行一些投资，就必须使自己的观点闪现出发自内心的智慧之光；若要让地方教育委员会搞一些活动，就必须证据十足且急切渴望之情溢于言表；若要从事一项简单的交易活动，就必须既了解产品性能和质量，又能解答客户提出的询问。

可见，我们一定要意识到所从事的工作就是连续不断地竞争，其竞争的“竞技场”就是辩论和谈判。否则，我们每天都会错过许多成功的机会。

二、事实胜于雄辩

应付可能出现的紧急情况，其基本前提就是：用事实把自己很好地武装起来。

1. 用事实武装头脑

没有事实作为基础，是不能要求得到什么好的结果的。例如：当一位年轻人被安排到某一新的工作岗位上时，他不顾自己尚不具备任何新工作的实际经验，就要求得到很高的报酬。

当问及他为什么觉得应得到很高的报酬时，他说：“当你对某项工作一无所知时，它就是一项十分艰难的工作!”

当我们得知将要参加辩论或谈判后，不论它们是什么形式的辩论或谈判，都应尽可能快地着手准备。

如果我们尚未掌握有关知识，就去搜集和学习。要尽量广泛阅读有关书籍，并认真地加以吸收、消化。

如果对所涉及的内容较为熟悉，那就通过复习来加深记忆。

无论是从零开始，还是有了一定的基础，都要努力把重要的事实记下来，印在脑海里。这就需要记忆。这里用一个例子说明怎样做好准备工作。

我们假定将参加一个教师家长会。会上，将要求校方应该为学生们提供午饭。

为了准备发言，必须了解其他学校的有关情况。例如通过调查了解到：

（1）绝大多数的学生由于可以在学校吃午饭，因而有较充裕的时间。他们无须匆匆忙忙地回家，狼吞虎咽地吃饭，然后再急速赶回学校。

（2）学生们通过一起吃午饭，得到了过集体生活的机会。这将有利于锻炼他们在未来生活中进行社会交往的能力。

（3）吃午饭时，每个学生都有自己的任务。有的端来饭菜，有的擦净桌子，有的摆好椅子。这些都培养了学生们的责任感。

（4）那些由于离校很远而中午不能回家的学生，每天可以不再带面包、饼干上学，也不用吃路边店的不卫生食品，而吃上营养丰富的热饭热菜。

（5）对于许多家庭来说，由于孩子能在学校吃午饭，而使父母们免去了每天都要为孩子计划带什么食物的麻烦。

(6) 在许多情况下，父母都没有足够的时间为孩子准备午饭。因此，学校的午餐是非常可取的。

有了这样事实，就找到辩论的大概要点，思维也就越来越清晰、明朗。

2. 用事实增加信心

仅仅把事实集中起来是不够的，必须能够对它们的价值做出判断。我们对事实的分类和判断能力，不仅在准备材料时受益，而且也将有助于自己识别和分辨在辩论或谈判中对方所提出的观点。

事实可以分为可证明的、历史上的和统计上的三种。第一种事实包括自己的亲身经历。但是，由于人们的经历有限，因此，许多这种可证明的事实是依靠间接的途径，从别人那里得来的。当然，从别人那里得来的事实与亲身经历的事实，其基础是完全不同的。

我们可能经常从报纸、杂志、书刊，或从电视、收音机、因特网上获取事实。例如，从《美国的悲剧》一书中，我们能读到有关美国国会于1979年1月1日禁止生产多氯联二苯的情况。如果我们当时在华盛顿，就可以直接得到这一消息。但由于我们不在华盛顿，因此不得不依赖于书籍的传播了。可见，尽管大多数可证明的事实都来自于其他来源，但它们还是有可能被我们直接得到的。

然而，历史上的事实则无论如何是绝不可能亲身经历的。这些事实所涉及的重大历史事件，均发生在很久以前或遥远的过去。所以，它们大部分来自于书本上的记载。

当我们凭借书籍获取历史上的事实时，实际上就是在接受作者通过文件、书信和其他记录给予证实的材料。因此，在阅读由布林顿、克里斯托弗和沃尔夫合著的《文明史》一书时，对于苏格拉底——一位不仅没有著述甚至没有受过正规教育的石匠——居然是人类历史上最伟大的导师之一的观点，是会完全接受的，就好像自己能给予证明似的。所以，历史上的事实其本身的特点决定了我们不得不依赖于这种途径和来源去获得它。

就统计上的事实而言，它实际上是一种非常接近可证明事实的特殊事实。因为，假若我们恰巧在场，则它就是能给以证明的事实。当然，由于这样的可能性甚小，因此接受它们也就同接受其他两种事实完全一样了。不过，我们必须像对待历史上的事实那样，密切注意统计上事实的来源，因为它们在辩论和谈判中经常使用，而且是许多思维和结论的基础。

3. 检验事实的可靠性

由于事实都来源于不同的渠道，所以，我们必须了解如何在使用之前对它们进行检验。尤其是来源于网上的事实，有时不一定很准确。

面对各类消息，你应做如下的工作：

（1）来源是什么？尽我们的可能保证事实来源的可靠性。这在统计上的事实中要特别严格。请记住，数字是可以被“编造的”，因此，不要使用会有利于他人目的的统计上的事实。

（2）它们是否合适？事实看上去应适合我们的标准。例如，如果有人告诉我们，地球最近被证明是扁平的，那是绝不应接受这种观点的。因为，它与我们所具有的地球与宇宙其他星球关系的知识背道而驰。

（3）它们是否与其他事实相一致？如果一组事实与另外一组

事实不相一致，那我们会很自然地怀疑这两组事实；反之，如果它们完全一致，我们就会很放心地把其作为有效的证据而予以接受。

（4）它们是否能被其他人所接受呢？虽然我们所使用的事实无须都最具可靠性，但如果事实能为其他人接受，使用它们也就更为可靠。使用不为别人接受的事实是没有任何意义的。

三、全方位应用记忆方法

我们可以选用任何一种自己喜欢的记忆方法将事实清楚地印在脑海里。在有了正确的事实证明自己的观点后，我们就将赢得辩论或谈判的胜利。

这里我们用前面关于校方应该为学生提供午餐这一问题例子，利用一下心理联想的记忆方法记住这些雄辩的事实。

（1）我——想象自己有一大群孩子。由于饭桌不够大，孩子们不能同时吃饭，只得轮流上桌。因此，每个孩子必须急急忙忙地吃，而自己又不得不跑前跑后，为他们忙个不停。

（2）鞋——想象一支训练有素的部队已排好了训练队形，每个战士都穿戴得非常漂亮，但集合好的队伍又解散了，因为他们每个人都没有穿鞋。

（3）农工商——这是社会上三股重要力量，且分工明确，各司其职。孩子们的劳动也不尽相同，一如大人似的责任各异。

（4）桌子——想象在一个餐桌上，由于放的面包太多，有些掉到了地上。

（5）手指——想象自己不得不计划给孩子带的食物。要带的有 5 种基本食品，掰着手指头在数这几种食品是否都准备齐了。

（6）六棱镜——想象自己在六棱镜中间，四周都是人影，匆匆忙忙，自顾不暇，以至没有时间为孩子准备午饭。

我们同样可以使用记忆链条来帮助自己记住有关论据。

让我们回到以上 6 个发言的论点上去，并给每一论点找出一个中心词语。

第一点的中心词语可以是“匆忙”；

第二点可以是“集体”；

第三点是“责任”；

第四点是“面包”；

第五点是“计划”；

第六点是“时间”。

在对顺序做一些调整后，记忆链条就可能是这样：

集体

一个负有责任的集体

责任

有责任完成一项计划

计划

这项计划是提供面包

面包

匆忙地制作面包

匆忙

为了按预定的时间交货

时间

通过想象右边那些自己创造的情节，就可以回忆出左边的中心词语，从而清楚地记住那6个论点。

四、沉着机敏驳对手

在掌握了充足的事实以后，我们就把自己很好地武装起来了。那么，我们来看一看竞争中的第二个重要前提，它就是一定不要让任何东西阻碍我们的思路。

当有人向我们提问时，我们的大脑会突然变得一片空白吗?

其实只要我们真正掌握了事实，就绝不会忘记，就不会有什么人能难倒我们。因此，做到了这些，我们就可以满怀信心地奔赴“竞技场”去参与竞争，而且无须害怕任何辩论或谈判中的对手，因为成功的方法在我们这一边。

万一有紧张的情绪，我们要用微笑代替紧张和担心。我们会发现，微笑一下能很快使自己放松。一旦放松下来就赶快回忆应回答的问题。

一位演员在《马克·康妮利的绿色牧场》中扮演蒂劳德这一角色。演出时，他的同伴忘了自己的台词而呆呆地站在那里。这位扮演蒂劳德的演员却异常地沉着、冷静。他说：“儿子，我知道你在我的面前有些紧张。但我是蒂劳德，我知道你此刻在心里想些什么。”这样，他就补上了同伴忘掉的台词。